Carl-Auer

Dietrich von der Oelsnitz

Einführung in die systemische Personalführung

2012

Umschlaggestaltung: Uwe Göbel
Satz: Verlagsservice Hegele, Heiligkreuzsteinach
Printed in Germany
Druck und Bindung: Freiburger Graphische Betriebe, www.fgb.de

Erste Auflage, 2012
ISBN 978-3-89670-830-4

Bibliografische Information der Deutschen Nationalbibliothek:
Die Deutsche Nationalbibliothek verzeichnet diese Publikation in der Deutschen Nationalbibliografie; detaillierte bibliografische Daten sind im Internet über http://dnb.ddb.de abrufbar.

Carl-Auer Verlag
Vangerowstraße 14
69115 Heidelberg
Tel. 0 62 21-64 38 0
Fax 0 62 21-64 38 22
info@carl-auer.de

Inhalt

1 Systemische Führung – eine Positionsbestimmung

Befragt man Führungskräfte der Wirtschaft, welche Metapher sie vor Augen haben, wenn sie an ihr Unternehmen oder ihre Arbeitsgruppe denken, dann kommen immer wieder dieselben Bilder zum Vorschein: Dirigent vor Orchester, Vogelschwarm, Ruder-Achter mit Steuermann. Also: Kollektive mit einer mehr oder minder klar erkennbaren Spitze. Sind menschliche oder tierische Gemeinschaften ohne einen Anführer also nicht denkbar? Kann man sich ein Wolfsrudel ohne Alphamännchen vorstellen? Existiert eine Armee ohne General? Gibt es Staaten ohne Regierung, Arbeitsgruppen ohne vordenkenden Kopf? Zeigt die Geschichte nicht immer wieder, dass Menschen, denen nominelle oder faktische Führungspersonen fehlten, sich diese spätestens in Krisen- oder Umbruchszeiten gezielt gesucht oder zumindest herbeigesehnt haben?

Diese Fragen werden zu Recht gestellt – und wirken angesichts unseres Wissens über die Komplexität und Eigennatur sozialer Systeme heute doch gleichzeitig stark verkürzend. Führungseinflüsse gehen längst nicht mehr ausschließlich von den hierzu legitimierten Personen aus; vielmehr sehen sich die Frauen und Männer mit Leitungsverantwortung heute in eine zumeist unübersichtliche, durch vielfältige Wechselwirkungen geprägte und sich permanent verändernde Welt gestellt. Obendrein ist »Führung« im Zeitalter des postheroischen Managements heute manchem suspekt – zu viele »Führer« haben ihre Völker statt ins versprochene Paradies in die irdische Hölle geführt. Denn Führung ist immer zugleich auch *Ver-Führung* – zum Guten oder Schlechten, zur Leistung oder Fehlleistung. Stets folgt dabei ein Eigenwille, zumindest temporär, einem Fremdwillen.

Außerdem wird immer deutlicher, dass man in den komplexen Organisationen des 21. Jahrhunderts kaum noch auf eine monozentrische Führungslogik setzen kann. Können sich die Kopf- und Teamarbeiter in den modernen Wissensgesellschaften nicht selbst führen? Geht es heute an den meisten Arbeitsplätzen nicht eher um Anerkennung und Selbstentfaltung statt um hierarchische Einengung und Kontrolle? Und sind nicht viele Führungskräfte am Ende eher Spielball als Spieler?

Dieses Buch möchte die genannten Fragen aus einer systemischen Perspektive beleuchten. Hierfür sind kybernetische, soziologische und psychologische Zugänge besonders hilfreich. In der Betriebswirtschaftslehre werden die entsprechenden Konzepte meist unter einem verhaltenswissenschaftlichen Dach zusammengeführt. Das ist auch plausibel, denn »Führung« wird gemeinhin als *intendierte Verhaltensbeeinflussung* begriffen, was eine enge Anlehnung an die Verhaltenstheorie nahelegt. Als der speziellere Terminus hebt *Personalführung* dann vor allem auf die unternehmenszielgerichtete Beeinflussung von Menschen (Mitarbeitern[1]) durch andere Menschen (Vorgesetzte) ab. Nachfolgend geht es also vor allem um interaktive Mitarbeiterführung bzw. die Führung *in* Organisationen und nicht *von* Organisationen. Wir konzentrieren uns dabei auf Wirtschaftsorganisationen, d. h. auf Unternehmen und Verwaltungen.

Dazu werden auf den folgenden Seiten Ansatzpunkte erarbeitet, die die heutigen Großsysteme der Wirtschaft vital und beweglich halten. Und die den Führungsverantwortlichen Grundsätze des Denkens und Handelns vermitteln, die ihnen helfen, ihre Aufgaben zu erfüllen, und sie gleichzeitig die Limitationen klassisch-überkommener Führungsvorstellungen erkennen lassen. Denn viele Führungsmodelle heben selektiv einzelne Parameter hervor und erwecken damit den Eindruck, den Schlüssel für Führungserfolg in der Hand zu halten – »ziel-

---

1 Der besseren Lesbarkeit halber werden nur die männlichen Substantivformen verwendet (Mitarbeiter, Vorgesetzter etc.). Damit sind nicht ausschließlich männliche Personen gemeint. Weibliche Führungskräfte und Mitarbeiterinnen sollten sich genauso angesprochen fühlen.

orientiert« soll man dann führen, »charismatisch« oder auch »partizipativ«. Es geht heute aber zusehends weniger um die »ideale Führungskraft« oder um populärwissenschaftliche »Spielregeln für Sieger«, sondern vielmehr um ein grundlegendes Verständnis von der vielschichtigen Wirkungsweise komplexer Sozialgebilde.

Zu deren Verständnis hat die *Systemtheorie* Wesentliches beigetragen. Entstanden aus der Suche nach einer transdisziplinären Gesamtschau hat sie sich im Laufe ihrer Ausformung aus vielen Quellen gespeist:

- der Biologie (L. von Bertalanffy, J. Piaget, H. Maturana)
- der Kybernetik (S. Beer, W. Ashby, F. Vester)
- der Sprach- und Erkenntnistheorie (von Wittgenstein, K. Popper, G. Bateson)
- der Mathematik und Logiklehre (B. Russel, F. von Foerster)
- der Soziologie (N. Luhmann)
- der Psychologie und Kommunikationstheorie (M. Wertheimer, E. von Glasersfeld, P. Watzlawick)
- und nicht zuletzt auch der Managementlehre (H. Ulrich, W. Kirsch, D. Baecker).

Dass man dem großen Ziel der holistischen »Welterklärung« zwar näher gekommen, es aber bislang nicht erreicht hat, zeigt die Tatsache, dass an einer einheitlichen Systemtheorie bis heute gearbeitet wird. In diesem Sinne existiert mittlerweile eine bunte und fruchtbare Vielzahl systemtheoretischer Varianten. Es gibt nicht wenige Forscher, die ohnehin ihr ganz eigenes Verständnis der Systemtheorie besitzen und diese eher als innere Haltung denn als überprüfbare realwissenschaftliche Theorie begreifen. Die Systemtheoretiker befassen sich – ontologisch betrachtet – mit einem geistigen Artefakt. Es gibt hier wenig Handfestes.

Diese Kennzeichnung bedeutet aber keineswegs, dass systemisches Denken nutzlos wäre – ganz im Gegenteil. Denn durch seine neutrale Sprache und die transdisziplinären, d. h. nicht an eine bestimmte Erkenntnisdisziplin gebundenen Denkmuster ist es ideal geeignet, unterschiedliche Realphänomene nicht nur pointiert zu beschreiben, sondern auch in ihrer unweigerlichen Vernetzung zu verstehen. Denn Ziel eines inter- oder transdisziplinären Ansatzes ist es nicht, sinnvolle Spezialisierungen aufzugeben, sondern eher, die schädlichen Nebenwirkungen eines eng fokussierten Zugangs zu vermeiden. Die Natur denkt nicht in Fakultäten.

In einer oft unübersichtlichen und widersprüchlich wirkenden Welt tragen Systemtheorie und Konstruktivismus – »die beiden theoretischen Modelle, die gemeinsam die Grundlagen für das liefern, was als ›systemisches Denken‹ bezeichnet wird« (F. B. Simon 2011, S. 12) – entscheidend dazu dabei, Wechselwirkungen zwischen Einzelfaktoren zu reflektieren, zirkulär statt linear zu denken und die geistigen Konstruktionen der sozialen Realität zu erkennen. In aller Regel wird Kausalität dadurch neu konzeptualisiert.

Obwohl manchen Ökonomen immer noch ein wenig suspekt, sind diese Leistungen vor allem auch in der Managementlehre von großem Nutzen. Denn gerade *Wirtschaftsunternehmen* sind unschwer als offene Systeme zu erkennen. Ihre Interpretation als »umweltoffene, umweltempfindliche, Eindrücke verarbeitende und kompensierende Leistungseinheiten« (Luhmann 1968, S. 47) bildet den gedanklichen Einstieg in das systemisch-ökonomische Denkmodell. Wirtschaftsorganisationen nehmen auf der Inputseite Rohstoffe, Arbeitskräfte, Know-how sowie Finanz- und Sachmittel auf und geben sie auf ihrer Outputseite – meist entgeltpflichtig über entsprechende Märkte – in Form von Waren und Dienstleistungen, aber auch als Steuern oder Lehrstellen wieder ab. Gleichzeitig hat die Offenheit des soziotechnischen Systems Unternehmung zur Folge, dass der erreichbare Systemzustand nicht nur von eigenen Handlungen und Entscheidungen, sondern in gleichem Maße auch von systemfremden Einflussfaktoren tangiert wird (z. B. Kundenwünschen, neuen Technologien oder gesellschaftlichen Veränderungen).

In dieser Weise paradigmatisch geöffnet, ist die Betriebswirtschaftslehre schon lange keine ausschließlich ökonomistische, d. h. grundlegende Verhaltenstendenzen des Menschen ausblendende Wissenschaft mehr. Sie hat sich vielmehr im Laufe der letzten Jahrzehnte nach und nach gegenüber den sozialwissenschaftlichen Nachbardisziplinen geöffnet. Vermutlich lässt sich anders, also in einzelwissenschaftlichen Schubladen, ohnehin nicht wirklich profund über einen so komplexen Problemkreis wie Mitarbeiterführung forschen und schreiben.

Wie in diesem Buch deutlich werden wird, sind die Eckpfeiler systemischen Denkens bestens geeignet, die in der betrieblichen Praxis zwischen Arbeitgebern und Arbeitnehmern bestehenden Relationen aufzudecken – und auf dieser Basis dann auch sukzessive zu verbessern. Denn Führungswahrnehmung und Führungserfolg sind zuvorderst soziale Konstruktionen.

2 Funktionen und Folgen von Führung

2.1 *Austauschtheoretische Vorklärung*

Zur Führung gehört spiegelbildlich die Gefolgschaft. Am Anfang steht insofern die Frage, warum sich erwachsene Menschen in sozialen Systemen überhaupt der Beeinflussung durch Dritte aussetzen. In der Forschung hat es sich eingebürgert, Organisation und Individuum als Tauschpartner zu sehen. Beide Seiten verfügen in einer Art Überkreuzbeziehung über etwas, was die jeweils andere Seite haben bzw. nutzen möchte. Der Mitarbeiter bietet seine Zeit und Arbeitskraft, aber auch seine Loyalität, seine Ideen und viele andere Dinge, die nicht unbedingt im formellen Arbeitsvertrag stehen. Die Organisation bietet im Gegenzug eine (möglichst sinnvolle) Beschäftigung, also einen Arbeitsplatz, eine (möglichst auskömmliche) Entlohnung sowie ebenfalls wieder Dinge, über die sich der formelle Arbeitsvertrag nicht explizit auslässt, also z. B. eine soziale Gemeinschaft, Anerkennung und persönliche Wachstumsmöglichkeiten. Diese Sichtweise begründet ein *transaktionales Führungsmodell* (in Abgrenzung zur transformationalen Führung; vgl. Abschn. 5.1).

Für den Mitarbeiter verkörpert die Organisation demnach einen Ort der Bedürfnisbefriedigung, ein *Gratifikationsreservoir*. Für die Organisation wiederum ist jeder Mitarbeiter zuvorderst ein Ressourcenträger. Spezifischen Forderungen der einen Seite stehen bestimmte Ressourcen der anderen Seite gegenüber. Dieser Grundsatz entspricht der in der Ökonomie gängigen Vorstellung, Transaktionen unter der Perspektive des wechselseitigen Austauschs zu sehen. Eine solche Logik gilt auch für Arbeitgeber-Arbeitnehmer-Beziehungen, die aufgrund der Besonderheit der betrieblichen »Humanressourcen« allerdings ganz eigene, kontingente Austauschsysteme konstituieren (vgl. Zalesny u. Graen 1995). Jede Seite kennt sowohl die eigenen Handlungsoptionen als auch die der Gegenseite und bezieht dieses Wissen in ihre Kalküle vorausschauend ein.

Als formale Tauschvoraussetzung gilt dreierlei:

- Es muss mindestens zwei Parteien geben, und jede Partei muss etwas haben, was für die andere von Wert sein könnte (personalwirtschaftliche Anwendung: Qualifikation, Gehaltshöhe, Loyalität u. a.).
- Jede Partei muss in der Lage sein, mit der anderen zu kommunizieren und das Tauschobjekt zu übergeben (personalwirtschaftliche Anwendung: Stellenanzeigen, Mitarbeitermobilität u. a.).
- Jeder Partei steht es frei, das Angebot zum Tausch anzunehmen oder abzulehnen (Abgrenzung zu totalitären Wirtschaftssystemen).

Diese Herangehensweise korrespondiert mit der *sozialen Austauschtheorie*. Hier gilt das viel zitierte »Law of Exchange«, wonach Austauschprozesse nur dann aufgenommen bzw. aufrechterhalten werden, wenn sie für beide Seiten attraktive Gratifikationsverhältnisse bieten. Dabei ist das Entstehen einer Austauschbeziehung zwischen zwei Personen umso wahrscheinlicher, je größer ihre Fähigkeit ist, sich durch ihr Verhalten gegenseitig zu belohnen (vgl. Schanz 1978, S. 74). Das kann man in den großen Koalitionen parlamentarischer Systeme genauso erkennen wie in einer privaten Freundschaftsbeziehung oder im Rahmen von Teamarbeit.

Zugleich steht man damit an einem der wichtigsten Startpunkte verhaltensökonomischen Denkens überhaupt. Der Ökonomie-Nobelpreisträger Herbert Simon hat bereits in den 1950er-Jahren die (zunächst von Chester Barnard formulierte) *Anreiz-Beitrags-Theorie* (1957) verfeinert. Die Organisation bietet den in ihr tätigen Individuen in diesem Sinne »Anreize«. Sie sollen die Mitarbeiter zur Leistung stimulieren. Aus diesen Leistungen (oder »Beiträgen«) kann die Organisation die gesetzten Anreize »bezahlen«. Will das System langfristig überleben, müssen beide Größen in einem homöostatischen Gleichgewichtszustand sein. Sind die Anreize, gemessen an den Beiträgen der Systemmitglieder, zu hoch, verliert das Unternehmen seine materielle Basis und trocknet aus. Übersteigen die personalen Leistungsbeiträge (immer aus der *subjektiven* Sicht der Systemmitglieder!) die betrieblichen Anreize, dann werden die Leistungen reduziert oder das System – z. B. qua Kündigung – zu guter Letzt verlassen.

Das zeigt, dass zum Verständnis von Arbeits- und Führungsbeziehungen immer mindestens zwei Seiten betrachtet werden müssen. Zwischen ihnen wird nicht nur ein formeller Vertrag geschlossen, sondern auch ein *psychologischer Vertrag*. Dieser »regelt« neben dem offiziellen Arbeitsvertrag die impliziten gegenseitigen Erwartungen und Ansprüche von Organisation und Mitglied, also z. B. die manchmal erforderlichen Zusatzschichten am Wochenende, die Hilfsbereitschaft gegenüber Kollegen, das Mitdenken am Arbeitsplatz, eine besondere Verschwiegenheit; kurzum: die unausgesprochenen Normen des Systems. Insofern ist Personalmanagement im Kern immer auch *Erwartungsmanagement* (vgl. Huf 2011, S. 30).

Der so häufig beklagte Mangel an Mitarbeiterengagement bzw. die so oft zu erkennende Unzufriedenheit und Frustration vieler Arbeitnehmer haben fast immer mit der Verletzung dieses zwar formell nicht einklagbaren, aber in praxi umso wirkungsmächtigeren »Vertragswerkes« zu tun (vgl. Weinert 1998, S. 26, 134 f.). Die entsprechenden Normen stabilisieren letztlich das, was Niklas Luhmann die *Systemrationalität* nennt. Genauer betrachtet drückt dieser Begriff eine soziologisch gefärbte Variante der Anreiz-Beitrags-Theorie aus.

2.2 Aufgaben und Funktionen von Führung

Die Führung und Anleitung von Mitarbeitern wird gemeinhin als Teil des betrieblichen Personalmanagements verstanden. Dieses wiederum befasst sich mit der zielgerichteten Einwirkung auf den »Produktionsfaktor Mensch« im betrieblichen Wertschöpfungsprozess – natürlich unter Anerkennung der besonderen Eigenschaften und Bedürfnisse dieses Faktors. An diesem Terminus sollte man sich genauso wenig stoßen wie an dem Begriff »Humanressource«. Letzterer erfuhr zwar einmal die zweifelhafte Ehre, zum Unwort des Jahres gekürt zu werden, meint aber doch letztlich etwas Schmeichelhaftes: Denn eine Ressource ist, wörtlich übersetzt, eine Quelle, und die Mitarbeiter sind als unverzichtbare Bestandteile des Systems Unternehmung nun einmal eine, wenn nicht *die* wesentliche Quelle unternehmerischer Wettbewerbsvorteile.

Die Personalarbeit jeder größeren Wirtschaftsorganisation befindet sich heutzutage in einer sogenannten *dualen Trägerschaft*. Das heißt: Neben der professionellen Personalabteilung, die sich vor allem um administrative Prozesse der Personalauswahl, -entlohnung und -kontrolle kümmert (diesen Vorgängen kommt natürlich zum Teil auch eine strategische Bedeutung zu), wirken formale Vorgesetzte, die die ihnen Unterstellten in unmittelbarem Kontakt motivieren, koordinieren und anleiten.

Wie diese Steuerungsfunktion letztlich gesehen wird, hängt von dem jeweiligen Paradigma ab, mit dem man sich diesem Phänomen nähert. Tritt man eher beschreibend und ohne Wertungsabsicht an dieses Thema heran, dann kann Führung zunächst als ein überzeitliches Phänomen gedeutet werden, das allgegenwärtig ist und somit in jedem Sozialsystem auftritt – also auch in einer Familie, einem Verein, einer Partei. Man erhält hierdurch einen *neutralen Führungsbegriff*. Soziologische Denker würden dasselbe Phänomen strukturalistisch oder machtbezogen interpretieren: »Leader (Führender)« ist demnach eine Person, die eine besondere Position oder Rolle innehat. Dies drückt einen *strukturalen Führungsbegriff* aus.

Betont man den mit dieser Position verbundenen Machtvorschuss, dann meint Führung vor allem die Durchsetzung eines Fremdwillens im Sinne einer asymmetrischen Autoritätsverteilung – es entsteht ein *machtbezogener Führungsbegriff*. Eine Organisation wäre demnach in erster Linie ein Herrschaftsinstrument. Die Personalwirtschaftslehre schließlich versteht unter »Führung« zuallererst einen systematischen Einflussprozess zur Realisierung ökonomisch intendierter Ergebnisse. Diese Interpretation begründet einen *funktionalen Führungsbegriff*.

Organisationen sind Zwecksysteme, die Ziele erreichen müssen. Bleibt man daher bei der betriebswirtschaftlichen Begriffsauffassung, dann werden die Funktionen eines Vorgesetzten besonders deutlich. Führung soll zuvorderst die einem Team oder einer Abteilung gesetzten Ziele erreichen – das ist die *Lokomotions-*, also Antriebsfunktion. Da jedoch zahlreiche Dysfunktionen auftreten, wenn Vorgesetzte allein auf die Zielerreichung schauen (und dann z. B. mitunter einen übergroßen Arbeitsdruck aufbauen oder die persönliche Beziehung zu den Untergebenen schädigen), treten in der Praxis soziale Vorgesetztenhandlungen hinzu – das ist die *Kohäsions-*, also Zusammenhaltfunktion. Mit anderen Worten: Harte ökonomische Ziele müssen im Gleichklang mit »weichen«, eher beziehungsorientierten Zielen erreicht werden. Ansonsten geriete die Personalführung zu einem kurzlebigen Strohfeuer, eine nachhaltig erfolgreiche Zusammenarbeit wäre kaum möglich.

Gute Vorgesetzte können ebenso motivieren wie instruieren, ebenso inspirieren wie planen. Sie taktieren, und sie paktieren – und müssen folglich sowohl sachliche als auch soziale Funktionen beherrschen. Dies gilt vor allem für das mittlere Management, das in den Unternehmen die unmittelbare Führungsarbeit »am Mitarbeiter« zu leisten hat. Abbildung 1 zeigt, dass diese Funktionen in einer ergänzenden Systematik einen eher kognitiven oder einen eher motivationalen Charakter besitzen können, also eher steuern/orientieren oder eher anreizen/stimulieren. Mit dieser Perspektive ist eine präzisere Einordnung derjenigen Aktivitäten möglich, durch die Vorgesetzte das Verhalten ihrer Mitarbeiter direkt beeinflussen können.

Sachfunktionen – kognitiv	Sachfunktionen – motivational
• Planen, Entscheiden • Koordinieren • methodisch unterstützen	• Setzen von Leistungsanreizen • Weitergabe von Zwischenergebnissen der Arbeit
Sozialfunktionen – kognitiv • Einbringen alternativer Problemperspektiven • Schaffung von sozialem Konsens und Einverständnis	**Sozialfunktionen – motivational** • Zuhören, inspirieren und Interesse wecken • Stärkung des Zusammengehörigkeitsgefühls, Teamgeist

Abb. 1: Sachfunktionen und Sozialfunktionen der Führung

Der informelle Leader

Viele Leser werden sich an dieser Stelle fragen, ob es tatsächlich in ihrem Arbeitsalltag immer der offizielle »Chef« ist, der Richtung und Tempo vorgibt. Diese Frage ist berechtigt. Denn eigentlich können die genannten Aufgaben und Funktionen auch von einer Person (oder sogar einer Gruppe von Personen) wahrgenommen werden, die nicht offiziell hierfür bestellt worden ist. Damit ist man bei einem Phänomen, das für die Systemwissenschaft beinahe trivial, der klassischen Führungslehre aber unbekannt oder zumindest unangenehm ist: nämlich der Figur des *informellen Führers*.

Viele Personaler glauben, dass Führung allein den hierzu per formaler Bestellung ermächtigten Personen gestattet ist und faktisch auch nur von diesen ausgeht. In der Realität findet sowohl die soziale als auch die direktive Einflussnahme aber *multidirektional* statt. Das heißt, der Vorgesetzte ist Sender und Empfänger von Steuerungssignalen zugleich; denn die Mitarbeiter beeinflussen natürlich auch ihren Chef, in der Praxis vor allem durch faktenbasierte Vorschläge, Koalitionsbildung oder eine bewusste Informationsauswahl. Parallele, zum Teil widerstreitende Interaktionen evozieren die Kollegen.

Derart unübersichtlich, aber gleichwohl exemplarisch ist die Situation in dem Hollywood-Film *Die Meuterei auf der Bounty.* Dem unnahbaren und unnachsichtigen Kapitän – er hat den Auftrag, Brotbäume aus Amerika nach England zu bringen, und nimmt diesen Auftrag sehr, sehr ernst – entgleitet nach und nach das Kommando an Bord. Es hagelt drakonische Strafen für geringfügige Verfehlungen. Die Mannschaft sucht Hilfe und orientiert sich zunehmend am 1. Offizier, Fletcher Christian (in der besten Verfilmung gespielt von Marlon Brando). Fletcher Christian ist psychologisch näher an den einfachen Matrosen und verfügt, im Gegensatz zum diktatorischen Kapitän, über soziale Empathie. Er demonstriert eindrucksvoll, dass man mit Unterstellten auch ohne Gesichtsverlust auf Augenhöhe sprechen kann und faktische Einflussverhältnisse oft wirkungsvoller sind als offizielle Legitimität und Amtsgewalt. Vor allem in kritischen Situationen bieten informelle Leader daher eine gute, weil problemnähere Ergänzung der offiziellen Führung.

Sollte man also formelle Führer besser durch selbst gewählte Vorgesetzte ersetzen? Das hängt natürlich vor allem davon ab, wie es um die Zielkonformität des informellen Führers steht. Wie sieht wohl die britische Königin die Meuterei auf der Bounty, die am Ende dazu führt, dass weder Brotbäume noch das Schiff oder gar die Seeleute nach England zurückkehren? Mannschaft und Offiziere halten wunderbar zusammen – aber am Ende wird die Mission nicht erfüllt! Aus Sicht des Managements haben informelle Beziehungen zudem den Nachteil, kaum plan- und steuerbar zu sein. Denn formelle Führer können Gehorsam per hierarchiebedingten Machtvorsprung erzwingen; während die informellen Führer auf die freiwillige Folgebereitschaft der Belegschaft angewiesen sind. Im Gegensatz zum offiziellen Vorgesetzten, der Amtsautorität besitzt und Belohnungs- und Bestrafungsmacht einsetzen kann, fußt die Autorität der informellen Führungsperson auf ihrem Expertenstatus und/oder ihrer Vorbildwirkung. Allerdings können die solcherart akzeptierten Nebenhierarchen gerade dadurch meist deutlich mehr von den Geführten verlangen.

Insofern sollte man letztlich ein komplementäres Nebeneinander von gesetzter und emergenter Ordnung anstreben. Die Systemkybernetik nennt so etwas *heterarchische Steuerung* – mehrere Einflusszentren treten an die Stelle eines Zentralwillens. Aus der Sicht der um Form und Ordnung gebauten BWL zunächst unübersichtlich, entwickeln sich dissipativ verteilte Vitalzonen im System. Hierdurch verbreitert sich zugleich die betriebliche Kreativitätsbasis – ein wichtiges Desiderat lernorientierter Unternehmen.

2.3 Personelle und strukturelle Führung

Durch Allmachtsfantasien geprägte und auf Kontrolle getrimmte Manager tun sich mit der Idee heterarchischer Steuerung natürlich schwer. Sie glauben dem biblischen Wort, wonach man schließlich nicht zwei Herren dienen könne – informelle Führungspersonen werden daher primär als Bedrohung wahrgenommen. Sie bringen aus dieser Sicht etwas Unverlässliches, ja Anarchisches in die Organisation ein. Diese Einstellung ist bedauerlich, denn Nebenhierarchen können ein wichtiges Korrektiv basisferner Führungsanweisungen sein.

Genau betrachtet, existieren in jeder Organisation mehrere Instrumente der Mitarbeiterführung. Sie versucht u. a. auch über ihr kulturelles Wertesystem (Unternehmenskultur) oder die strukturelle Organisationsgestaltung das Verhalten ihrer Mitglieder zu lenken und eine reibungslose Wertschöpfung zu erzeugen. Sowohl die Aufbau- als auch die Ablauforganisation erzeugen Handlungsvorschriften, die eindeutig und bindend sind (Bürokratie). In Abgrenzung zur interaktiven Führung durch Vorgesetzte begründen Kulturen und Strukturen aber eher indirekte Steuerungseinflüsse, die zudem unpersönlich sind und eher präsituativ erfolgen.

	Führung durch Vorgesetzte	**Führung durch Struktur**
Charakter	persönlich (im Ideal individualisiert)	unpersönlich (im Ideal großflächig)
Wirkung	direkt	indirekt
Rolle der Führungskraft	Hauptverantwortlicher; Motivator; Coach	Vermittler; Übersetzer; Schlichter
Ziel	Umsetzung der Zielvorgaben und Feinsteuerung	Rahmenbedingungen zur Kanalisierung von Aktivitäten und Spielräumen
Stärken	flexibel; situativ anpassbar; interaktiv	berechenbar; »rational«
Schwächen	unberechenbar; Organisation wird eventuell abhängig	situativ inflexibel; »stahlhartes Gehäuse«

Abb. 2: Personelle und strukturelle Führung

Hierarchische Führung wäre nötig, wenn die strukturelle Verhaltenssteuerung nicht in vollem Umfang gelänge – und genau dies ist in den meisten Unternehmen der Fall (vgl. von der Oelsnitz 1995). Denn zum einen ist es kaum möglich, alle Eventualitäten vorherzusehen und strukturell vorzuentscheiden; zum anderen sollten Organisationen ja gemäß Max Webers Bürokratieansatz unabhängig von einzelnen Personen sein. Das Funktionieren des Systems darf nicht von bestimmten Individuen abhängig sein. Und schließlich sind soziotechnische

Systeme immer von Menschen mit Eigensinn und partikularen Interessen bevölkert. Konflikte, Spannungen, Widersprüche, Frustrationen und Leistungsverweigerungen bleiben nicht aus. Sie müssen durch (andere) Menschen identifiziert, geschlichtet und aufgelöst werden.

Für hierarchische Führung bleibt insofern auch in der durchstrukturiertesten Organisation noch Platz; sie nimmt, wenn man so will, eine *Lückenbüßer-Funktion* wahr (vgl. Weibler 2001, S. 107 f.; Wunderer 2007, S. 316 f.). Das bedeutet jedoch keineswegs, dass die strukturellen und kulturellen Rahmenbedingungen der Arbeit verschwinden. Und es bedeutet auch nicht, dass personelle und strukturelle Führung Gegensätze sind (vgl. aber auch Abschn. 5.4). Im Idealfall ergänzen sich beide Mechanismen, d. h., die kontextualen Rahmenbedingungen schaffen eine Situation, die die hierarchische Führung unterstützt. Vorgesetzte sind in aller Regel umso effektiver, je klarer Organisationsstruktur und -kultur auf ihre Bedürfnisse abgestimmt sind und somit erst die Voraussetzungen direkter Einflussnahme schaffen.

2.4 Folgen von Führung – zum Guten oder Schlechten

Wie erwähnt, existiert in jedem Unternehmen eine psychologische Verabredung, die alle Aspekte der Arbeitgeber-Arbeitnehmer-Beziehung umfasst und in ihrer Relevanz für das Systemfunktionieren kaum zu überschätzen ist. Dieser nicht einklagbare Vertrag schafft weniger eine juristische als vielmehr eine *psychologische Beziehung* und wird auf der Basis subjektiv interpretierter Versprechen von Leistung und Gegenleistung begründet. Seine Einhaltung lässt beiderseitiges Commitment entstehen. Seine andauernde Verletzung strahlt hingegen irgendwann auf den formal-schriftlichen Arbeitsvertrag aus: Im schlimmsten Fall kündigt die betroffene Seite ihn auf.

Auch wenn psychologische Arbeitsverträge den Beteiligten in ihrer Existenz oft gar nicht bewusst sind (und Arbeitsrechtler in der Regel nur den expliziten Vertrag sehen): Das Ganze bildet am Ende den sozialen Kitt, ohne den kein Unternehmen auf Dauer funktionieren kann. Dies zeigt sich nirgendwo so deutlich wie in dem Begriff, der aktuell zum *buzzword* populärer Personalratgeber geworden ist: *Vertrauen.* »Wer bei seinen Untergebenen kein Vertrauen genießt, geht im Betrieb eigentlich nur spazieren« – so oder ähnlich klingt es für gewöhnlich.

Vertrauen ist ein klassisches Emergenzphänomen. Wie es entsteht, ist wesentlich schwieriger zu beantworten als die Frage, wie man Vertrauen zerstört. Hierauf fällt die Antwort leicht: durch Widersprüche zwischen Reden und Tun beim Vorgesetzten und durch die fortdauernde Missachtung der unausgesprochenen Fairness-Postulate. Heute wie früher gilt: Wer Vertrauen schaffen will, muss echt sein. Die allermeisten Mitarbeiter haben ein sehr gutes Gespür dafür, wann sich ihre Vorgesetzten verstellen und am Ende ihre Ego-Ziele als gemeinsame Teamvision deklarieren.

Eine viel beachtete Studie belegt mit schöner Regelmäßigkeit, dass es mit der Personalführung in deutschen Unternehmen allerdings nicht zum Besten bestellt ist. Gemeint ist die vom Meinungsforschungsinstitut Gallup jährlich aktualisierte Umfrage, nach der im Jahr 2010 nur noch 13 % der Mitarbeiter eine emotionale Bindung an ihr Unternehmen zeigen. 66 % der Mitarbeiter arbeiten dagegen nur noch im Schongang (machen also »Dienst nach Vorschrift«), und 21 % pflegen bisweilen sogar eine aktive Sabotage-Haltung! Das Schlimme ist: Dieses Resultat ist über die Jahre hinweg erstaunlich stabil.

Die volkswirtschaftlichen Kosten aufgrund von innerer Kündigung und beruflicher Resignation sind gigantisch; sie belaufen sich auf eine Summe zwischen 121 und 126 Milliarden Euro jährlich. Die Gallup-Experten haben ausgerechnet, dass diese Summe 167 422 771 Apple-iPhones oder 7 354 544 VW-Golf-Autos oder 621 810 Einfamilienhäusern oder 429 Maschinen des weltgrößten Verkehrsflugzeugs, Airbus A380, oder auch 19-mal dem Etat für »Familie« im Bundeshaushalt 2011 entspricht.[2]

Mit der überkommenen Führungsphilosophie kommt man im 21. Jahrhundert offenbar schnell an seine Grenzen. Das hat auch mit mangelnder Selbsterkenntnis zu tun: In Befragungen glauben bezeichnenderweise über 60 % der Manager, sie hätten ein angeborenes Führungstalent und würden mitarbeiterorientiert agieren. Dabei zeigt ein Blick in die Praxis keineswegs selten eine erschreckende Variante des bekannten Peter-Prinzips: Personen werden aus dem ursprünglichen Kreis der Fachexperten hinausbefördert und enden dann als (meist überforderte) Vorgesetzte. Eine Aufgabe, für die sie nicht ausgebildet wurden und die ihnen ursprünglich auch nicht vorgeschwebt hatte. Fachkompetenz ist eben nicht Führungskompetenz, und ein guter Programmierer ist noch lange kein guter Vorgesetzter.

Die hier angeführte Studie soll keine Panikmache sein, sondern den Blick für konkrete Probleme der Unternehmenspraxis schärfen. Sie belegt zugleich die ganz handfesten Folgen schlechter Führung. Umso wichtiger ist es, den Ursachen für diesen Umstand nachzugehen und anschließend Lehren daraus zu ziehen. Dazu sind zunächst die typischen Menschenbilder von Managern zu beleuchten.

2 Siehe unter: http://eu.gallup.com/berlin/118645/gallup-engagement-index.aspx [15.8.2011].

3 Von Taylor zur systemischen Führung: Menschenbilder im Wandel der Zeit

Die Welt der Arbeit lässt sich durchaus als Spiegel unterschiedlicher Menschenbilder verstehen. Letztere beeinflussen sowohl die geltenden organisatorischen Regelungen als auch die unmittelbaren Führungsinteraktionen. In diesem Kapitel wollen wir genauer die Grundannahmen und »Hinterkopftheorien« beleuchten, die Führungskräfte gegenüber ihren Geführten hegten und hegen. Deutlich werden die verschiedenen Akzente, die in unterschiedlichen Perioden der industriellen Entwicklung gesetzt wurden; sie lassen sich mosaikartig zu einem Gesamtbild zusammenfügen. Das Kapitel schließt mit der Klärung der systemischen Führungsvorstellungen.

3.1 »Rational man« und »social man«

Unter einem *Menschenbild* versteht die Führungsforschung subjektive Grundannahmen von Managern und Führungskräften bezüglich der Ziele, Fähigkeiten, Werte und Motive ihrer Kollegen und Untergebenen. Da diese Grundannahmen häufig stereotyp und vor allem unbewusst sind, spricht man auch von »impliziten Persönlichkeitstheorien« (vgl. Weinert 1998, S. 672). Dass diese den meisten Führungskräften nicht klar sind, macht sie nicht weniger bedeutsam. Im Gegenteil: Wie andere Menschen auch, konstruieren Vorgesetzte soziale Realität anhand bestimmter Denk- und Wahrnehmungsmuster. In diesem Fall sind diese Muster aber pauschalisiert, d. h. differenzieren nicht nach Einzelpersonen. Eine unabhängige Beobachterposition gibt es in diesem Sinne auch für noch so sehr um Fairness und Objektivität bemühte Vorgesetzte nicht.

Dies wird besonders deutlich am Urvater industrieller Arbeitsbeziehungen: dem Ingenieur und späteren Managementberater Frederick Winslow Taylor. Der als Vordenker der industriellen Arbeitsteilung bekannte Taylor, 1856 in Germantown (Pennsylvania) geboren, war ein zur Theoretisierung neigender Praktiker, dem es vorrangig um die Steigerung der Arbeitsproduktivität ging (vgl. von der Oelsnitz 2009, S. 11 ff.). Der Mensch, mit dem er es in seinen Unternehmen zu tun bekam, war aus seiner Sicht Teil einer größeren Maschine, zudem faul und ungebildet. Folglich ist der Arbeiter – tendenziell ein Leistungsverweigerer – primär an der Befriedigung seiner materiellen Grundbedürfnisse interessiert, nur das treibt ihn an. Er ist daher zufrieden, wenn man seine Arbeit systematisch vereinfacht und ihm kleine Arbeitspakete vorgibt, denn hierdurch erreicht er hohen Output bzw. hohen Lohn.

Im Vorfeld seiner Empfehlungen – den weltbekannten *Principles of scientific management* – arbeitete Taylor mit exakten Zeit- und Bewegungsstudien. Aufgrund dieser Methodik erhielt sein Ansatz das Etikett »wissenschaftlich«. Auf ihn gehen Arbeitsbedingungen zurück, die noch heute bei der industriellen Fließbandproduktion, z. B. im Automobilsektor oder in der Textilbranche, aber auch im Verwaltungsbereich vorzufinden sind. Kennzeichnend für Taylors Führungsempfehlungen sind vor allem die systematische Trennung von Kopf- und Handarbeit, also die Trennung von dispositiver Planung und operativer Ausführung, ein hoher Wiederholungsgrad der Tätigkeiten sowie rein quantitativ ergebnisbezogene Arbeitsanreize (der bis heute gebräuchliche Akkordlohn). Der arbeitende Mensch ist folglich ein *rational-economic man* – er arbeitet, weil er dadurch sich und seine Familie ernähren kann. Je mehr Lohn er erhält, umso härter arbeitet er.

Die praktische Konsequenz, manche Mitarbeiter *nur* mit Planung und Kontrolle und andere wiederum *nur* mit ausführenden Tätigkeiten zu betrauen, mutet heute fremd an. Der zunehmende Massenwohlstand, der fortgesetzte Wertewandel in der Arbeitswelt sowie die Bildungsfortschritte der westlichen Gesellschaften lassen die Grenzen des tayloristischen Menschenbildes sichtbar werden. Gleichwohl war Taylors Grundansatz, den Mitarbeitern insgesamt die Denkarbeit abzunehmen und sie in erster Linie über den Lohn zu motivieren, zur damaligen Zeit nicht vollkommen aus der Luft gegriffen: Die Arbeiter in der Spätphase der (ersten) industriellen Revolution waren mehrheitlich Analphabeten mit vielköpfigen Familien. Die heutigen Sicherungssysteme in Bezug auf Arbeitslosigkeit, Krankheit und Alter gab es noch nicht. Da lag der Gedanke schon nahe, die Unterstellten über das Gehalt anzureizen und ihren Qualifizierungsdefiziten durch eine systematische Vereinfachung der Arbeit entgegenzukommen.

Soziale Beziehungen am Arbeitsplatz waren Frederick Taylor nicht wichtig, ihm ging es vorrangig um Produktivität. Aus diesem Grund war er auch an ergonomischen Fragen interessiert; er trachtete u. a. danach, die Arbeitsproduktivität durch eine körpergerechte Gestaltung von Werkzeugen und Arbeitsmitteln zu verbessern. Aus seinen Experimenten entwickelte sich später die sogenannte Psychotechnik, die systematische Optimierung der materiellen Arbeitsbedingungen.

Aus dieser Richtung nähert sich ursprünglich auch George Elton Mayo, geboren 1880 in Australien, der Forschung. Dass mit ihm die Sternstunde der verhaltensorientierten Führungslehre schlägt, ist einem Zufall zu verdanken. Mayo untersuchte – nach Abschluss seines Studiums der Logik und Philosophie –, geeignete Arbeitsbedingungen (z. B. die Lage und Dauer von Arbeitszeiten, Pausenregelungen, Temperaturen im Arbeitsraum etc.). Gegenstand der heute weltberühmten *Hawthorne-Experimente* – die amerikanische Telefongesellschaft AT&T betrieb in Hawthorne ein Tochterunternehmen – war der Einfluss der Arbeitsbeleuchtung auf die Leistung von Arbeiterinnen, die u. a. Schaltdrähte auf kleine Metallplatten löten mussten.

Mayo und seine Mitarbeiter beobachten hier den zunächst irritierenden, weil kontraintuitiven *Hawthorne-Effekt*: Während der verschiedenen Lichteinstellungen steigen die Leistungen nicht nur in der Experimentalgruppe, sondern auch bei der Kontrollgruppe kontinuierlich an. Dies galt am Ende selbst für eine objektive Verschlechterung der Lichtverhältnisse, die zuletzt bis auf die »Helligkeit von Mondschein« heruntergepegelt wurden – wie gesagt, ohne Beschwerden der Arbeiterinnen und ohne Produktivitätsverlust. So wird letztlich das erzeugt, was die Medizin als Placebo-Effekt kennt: Der Patient vertraut einem Medikament ohne Wirkstoffe, und die heilende Wirkung tritt dennoch ein. Mayo führt die gestiegene Leistung der Arbeiterinnen auf ihre Dankbarkeit und ihr durch die Anwesenheit von Wissenschaftlern verursachtes gewachsenes Selbstwertgefühl zurück. Er entdeckt damit nicht nur die Wichtigkeit von Arbeitsinhalt und Arbeitsumfeld, sondern auch die Kraft psychosozialer Attributionen.

Ein Mitarbeiter wird dementsprechend nicht zuvorderst durch materielle Faktoren motiviert, sondern durch menschliche Zuwendung und Unterstützung. *Human Relations* – soziale Beziehungen am Arbeitsplatz – sind entscheidend, wenn man Menschen zum Tun stimulieren will. Das ist nichts weniger als die humanistische Wende der Führungsforschung. Als späterer Professor für Industrial Research in Harvard generalisierte Mayo sein Fazit: Unternehmensangehörige werden vor allem über ihre sozialen Bedürfnisse beeinflusst – sie sind *social men.* Gegenüber menschlichen Kontakten treten die anderen Arbeitsmotive in den Hintergrund (vgl. von der Oelsnitz 2009, S. 22 f.).

Dies gilt insbesondere für die Großorganisationen der Moderne. Sie wirken Sinn raubend, denn die Mehrheit der Firmenmitglieder versteht weder das Endprodukt, noch sieht sie jemals einen Kunden. Wie in Charly Chaplins Film *Modern Times* ist der Organisationsmensch ein kleines Rädchen im großen, unverstandenen Getriebe. Mayo selbst trauerte der ganzheitlich-sinnstiftenden Arbeit nach, wie sie früher von Bauern oder einfachen Handwerkern verrichtet wurde. Wenn so zu arbeiten in der Gegenwart nicht mehr möglich sein sollte, dann wäre die Pflege zwischenmenschlicher Beziehungen die alternative Möglichkeit, die Humanität der Arbeit zu erhalten. Das emotionale Vakuum anonymer Großbetriebe muss insofern durch ein entsprechendes Führungsverhalten kompensiert werden. Sozial zugewandtes Führen lässt sich, so die feste Überzeugung Mayos, in Managementtrainings systematisch schulen. Emphatische Verhaltensweisen sind erlernbar. In diesem Kontext taucht zum ersten Mal auch der Begriff »Führungsstil« auf, der die Forschung anschließend über mehrere Jahrzehnte hinweg prägen sollte.

3.2 Sich selbst erfüllende Prophezeiung: Die Menschenbilder von D. McGregor

Die Debatte über Menschenbilder wird durch Douglas McGregor (1906–1964) radikal verkürzt (er ist allerdings auch der Erste, der sich mit den vorwissenschaftlichen Persönlichkeitstheorien als »Bildern in den Köpfen der Macher« ausdrücklich auseinandersetzt.) In seiner *dualistischen Typologie* – neuerdings durch den US-Bestseller *Drive* von Daniel Pink (2010) wieder stark beachtet – sind Vorgesetzte entweder der Meinung, die Untergebenen seien von Natur aus arbeitsscheu und somit allein durch äußere Belohnungen und großräumige Kontrollen zu stimulieren (»Theorie X«) – oder glauben im Gegenteil an das Gute im Mitarbeiter. Dieser sei demnach von der Grundhaltung her selbstständig und motiviert, d. h. an Leistung und persönlichem Wachstum interessiert (»Theorie Y«).

Gemäß dieser Theorie Y muss der Untergebene nur von den Fesseln der bürokratischen Fremdbestimmung befreit werden bzw. auf einen Chef stoßen, der seinem angeborenen Leistungstrieb freien Lauf lässt. Wenn Manager mit Menschenbild »X« eher einen paternalistisch-autoritären Führungsstil praktizieren würden, dann müsste der Manager »Y« eher partizipativ und dialogorientiert leiten. Denn Y-Mitarbeiter sehen ihren Arbeitsplatz als wichtiges Feld ihrer Selbstverwirklichung – sie sind *self actualizing men*. Für sie sind die Ich-Bedürfnisse entscheidend. Äußeren Druck durch den Vorgesetzten benötigen sie nicht; sie sind vielmehr bereit, sich schrittweise zu perfektionieren und Verantwortung zu übernehmen. Salopp formuliert: Dieser Menschentyp arbeitet nicht, um zu leben; sondern lebt, um zu arbeiten. Demzufolge kann es nur eine intrinsische, d. h. aus der Tätigkeit selbst stammende Motivation geben. Extrinsische Belohnungen wie Gehaltsteigerungen, eigene Sekretärin und Dienstwagen greifen zu kurz oder sind unnötig.

Diese zwei Prototypen durchziehen als »Schwarz« und »Weiß« die gesamte Geistesgeschichte und gehen möglicherweise zurück auf die beiden Staatsmodelle von Sparta und Athen – Ersteres war autokratisch, Letzteres demokratisch. Hinter McGregors Empfehlung, als Führungskraft ein positives Menschenbild zugrunde zu legen, steht wieder eine Konstruktion, genauer: eine *sich selbst erfüllende Prophezeiung*. Misstraut ein Vorgesetzter pauschal seinen Mitarbeitern, wird er strenge Vorschriften erlassen, d. h. sie regulieren und kontrollieren. Auf diese Weise werden deren natürliche Initiative und Arbeitsfreude zurückgedrängt. Die Folge sind genau die Erscheinungen, die der Vorgesetzte ja bereits vermutet hatte – Desinteresse, Verweigerung, Unlust. Am Ende wird genau die Situation hervorgerufen, die man ursprünglich befürchtet hatte.

Wir alle kennen weitere Beispiele für derartige »Glaubensspiralen«: Kunden hören, dass eine Bank in Zahlungsschwierigkeiten ist, und heben daraufhin ihr Geld ab. Erst dadurch gerät die Bank in Schieflage. Autofahrer und Hausbesitzer befürchten Ölpreissteigerungen und verknappen durch ihre verstärkte Nachfrage das weltweite Angebot – Resultat sind die zunächst nur angenommenen Preissteigerungen. Die sich daraus ergebende Folgerung ist klar: Vorgesetzte sollten ein *optimistisches Menschenbild* besitzen und generell – d. h. unabhängig von der konkreten Führungssituation – nach Theorie Y führen. Das Werk, in dem McGregor diese Ideen vorstellte, heißt nicht zufällig *The human side of enterprise* (1960).

Die in vielen Unternehmen oder Behörden zu beobachtende Realität kann daher als *Misstrauensorganisation* beschrieben werden, in der Passivität, Desinteresse und Verantwortungsscheu die Wirkung sind und nicht die Ursache. So plausibel diese Argumentationskette auch erscheint: Empirisch bestätigt werden konnte sie nicht. Man möchte kein Spielverderber sein, aber das negative Menschenbild der Theorie X greift in der Unternehmenspraxis (leider!) oft besser als das positive der Theorie Y. Also: Mitarbeiter können tatsächlich rasch und nachhaltig durch eine unzweckmäßige Organisation und Führung frustriert werden. Bedauerlicherweise ist die konstruktive Variante dieser Wirkungskette in der Arbeitswelt nicht so wirksam: Untergebene werden nicht automatisch dadurch kreativ, engagiert oder motiviert, dass ihnen ihr Chef vertraut. Das wäre wohl auch zu schön, um wahr zu sein. Dem systemischen Denken ist ein derartig dualistischer Denkrahmen ohnehin fremd; von dieser Warte aus erscheint eine bipolare Typologie eher als Karikatur.

Dennoch kann man aus dem Werk McGregors einiges mitnehmen. Unser Leben selbst zu bestimmen, Neues zu erschaffen und persönlich zu wachsen ist ein zutiefst menschliches Bedürfnis. Es geht doch den allermeisten um innere Erfüllung und *Sinn*: Lebens- und Arbeitssinn (vgl. wieder Pink 2010, S. 161 ff.). Menschen, die primär intrinsisch motiviert sind, erreichen für gewöhnlich mehr in ihrem Beruf. Ihre belohnungshungrigen Gegenstücke mögen gelegentlich auch an der Sache interessiert sein, aber äußere Stimulanz bleibt ihr Hauptmotivator. Intrinsiker wiederum haben nichts gegen eine Gehaltszulage – aber sie bleibt für sie Dreingabe, ein Sahnehäubchen. Wichtiger ist für diesen Menschenschlag, etwas über sich und die Welt zu erfahren, etwas Besonderes zu leisten. Wir werden in Kapitel 5 darauf zurückkommen.

3.3 Gesamtschau der klassisch-tradierten Menschenbilder

Edgar Schein (geb. 1928), Professor für Organisationspsychologie und Management am MIT, ist die Zusammenführung dieser isoliert voneinander formulierten und daher auch entsprechend einseitigen Menschenbilder zu verdanken. Schein betont den *complex man* – den Mitarbeiter, der zu unterschiedlichen Zeiten unterschiedliche Schwerpunkte setzt und so am Ende durch eine situativ aktivierte Motivvielfalt gekennzeichnet ist; der – je nach Arbeits- oder Lebenssituation – mal durch äußere, mal durch innere Neigungen angetrieben wird. Denn natürlich sind auch die skizzierten »X«- und »Y«-Mitarbeiter Idealtypen – dafür gebaut, Unterschiede klarer zu kontrastieren. Schein reagiert damit letztlich auf die pluralistische Gesellschaft der Moderne, die viele unterschiedliche Erfahrungshintergründe, Lebensentwürfe und Sinnsysteme kennt.

Zusammenfassend entspringen den skizzierten Menschenbildern folgende *Führungsimplikationen*:

- *Rational-economic man:* Vorgesetzte rechnen mit dem Egoismus der Mitarbeiter. Diese werden vor allem durch materielle Anreize motiviert. Leistungsorientierte Lohndifferenzierung ist ideal, während gleichzeitig die Arbeitsergebnisse streng kontrolliert werden.
- *Social man:* Mitarbeiter suchen, vor allem in Großunternehmen, soziale Anreize als Ersatzbefriedigung. Vorgesetzte müssen beziehungsorientiert sein und sich ihren Untergebenen emotional zuwenden.
- *Self-actualizing man:* Mitarbeiter streben nach postmateriellen Werten und persönlicher Bestätigung. Ein Vorgesetzter ist vor allem Förderer für an sich bereits motivierte Mitarbeiter. Er steht als Coach und Mentor zur Verfügung, um externe Leistungshindernisse aus dem Weg zu räumen.
- *Complex man:* Vorgesetzte rechnen mit stets wechselnden Bedürfnissen der Belegschaft. Sie sind in erster Linie begabte Situationsdiagnostiker, das heißt: müssen ihre Mitarbeiter in ihrer konkreten Arbeitssituation richtig einschätzen und dann situativ variabel anreizen.

Die genannten Menschenbilder sind empirisch allesamt kaum geprüft. Ungeachtet ihres primär intuitiven Charakters scheinen sie praktischer Erfahrung und Plausibilität zu entsprechen. Denn natürlich spiegeln sich die Grundeinstellungen von Vorgesetzten in der Art und Weise wider, wie sie ihren Untergebenen gegenübertreten, womit sie sie motivieren und, letztlich auch, wann und in welchem Umfang sie meinen, zusätzliche Kontrollsysteme einsetzen zu müssen. Für Vorgesetzte, die von der grundsätzlichen Unwandelbarkeit des Menschen ausgehen, spielen Eignungsdiagnostik und Personalauswahl eine dominante Rolle. Weiterführende Sozialisierungsmaßnahmen scheinen dagegen weniger wichtig.

Trotzdem haben diese Menschenbilder einen entscheidenden Nachteil: Sie sind vorgesetztenzentriert. Führungserfolg stellt sich in der Arbeitswelt aber nur ein, wenn die Führungskräfte spiegelbildlich auch den Erwartungen entsprechen, die die Geführten ihrerseits von einem »guten« Chef haben.

Fredmund Malik (geb. 1944) hat vermutlich recht, wenn er sich in einem Interview mit dem *Manager-Magazin* (2002) von der Fixierung auf Pauschalhypothesen löst und festhält: »Jeder Sporttrainer hat gelernt, nicht auf Typen zu achten, sondern auf das individuelle Leistungsprofil jedes einzelnen Sportlers. Wer sich auf Menschenbilder fixiert, läuft nicht nur Gefahr, dem Menschen Unrecht zu tun, sondern er vernachlässigt das Wichtigste im Management – nämlich herauszufinden, was der Einzelne kann, welche Stärken und Potenziale er hat, und ihn dort einzusetzen, wo er einen Beitrag zu leisten vermag.«

3.4 Das Leitbild der systemischen Führung

Was kennzeichnet vor diesem Hintergrund das *Leitbild der systemischen Führung*? Vier Grundzüge sind besonders relevant:

Autopoiese

Das aus dem Altgriechischen stammende Wort »Autopoiesis« bedeutet »Selbsterschaffung«. Der vom chilenischen Neurobiologen Humberto Maturana geprägte Begriff bedeutet in unserem Zusammenhang auch: Personalführungskräfte wie Mitarbeiter leben in einer engen Sinn- und Wirkgemeinschaft. Sie ist operativ geschlossen und dreht sich häufig um sich selbst (zur operativen Schließung vgl. Luhmann 2011, S. 51). Anders gesagt: Autopoietische Systeme besitzen eine Art Eigenleben. Insbesondere das Verhalten politischer Parteien zeigt oft eine Struktur, die eher aus der inneren Rationalität als aus den Ansprüchen und Problemen der Umwelt geboren scheint. Zur Autopoiese gehört insofern die Selbstreferenzialität des organisationalen Tuns.

Luhmann betont insbesondere die Kommunikation zwischen den Systemmitgliedern. Ein soziales System kommt demnach zustande, wenn ein autopoietischer Kommunikationszusammenhang entsteht, der sich durch Einschränkung abschließt. Typisch für ein derartiges System ist, dass es sich mithilfe eines binären Codes (innen/außen) gegen die Umwelt abgrenzt und in einem Prozess der Selbstreproduktion seine Identität aufrechterhält. Autopoiese ist folglich nur möglich,

> »wenn das System sich im Dauerzustand der Unsicherheit über sich selbst im Verhältnis zur Umwelt befindet und diese Unsicherheit durch Selbstorganisation produzieren und kontrollieren kann« (ebd., S. 47; für die BWL siehe insbesondere Kirsch 1992).

Dieses Phänomen tritt besonders deutlich bei der Führung von und in Arbeitsgruppen zutage.

»Geplante Evolution« und Koevolution

Im System Unternehmung sind Aktivitäten, Erfolge und Schicksale verwoben. Im passenden Terminus »Koevolution« zeigen sich noch einmal die biologischen Ursprünge der Systemtheorie – im Rahmen der biologischen Evolutionstheorie bezeichnet der Begriff den Prozess der wechselseitigen Anpassung zweier stark interagierender Tier- und/oder Pflanzenarten aneinander. Analog entstehen im Unternehmen durch die fortwährenden, aufeinander bezogenen Interaktionen der Organisationsmitglieder Ereignisketten, die mit der Zeit eine höchst individuelle Beziehungsgeschichte begründen. Und gleich, ob realiter viele oder wenige Untergebene zu führen sind oder ob ein Team groß oder klein ist: Es bildet sich unweigerlich ein

Netz dyadischer Beziehungen zwischen den einzelnen Akteuren. Dieses Netz kann auf positiven Erfahrungen wie Solidarität und Vertrauen basieren oder auf negativen wie Neid und Egoismus. Beide Ausprägungen können sehr stabil sein, also z. B. in andauernde Freundschaften oder erbitterte Zerrüttungen münden. Letztere sind dann auch durch den begabtesten Konfliktmediatoren meist nicht mehr zu kitten. Ohnehin müsste man erst die ganze Beziehungsgeschichte rekonstruieren, um aktuelles Verhalten in seinem Urgrund verstehbar zu machen. Insofern wird auch zwischen Kollegen eine psychologische Vereinbarung getroffen. Festzuhalten bleibt: Einmal betretene Beziehungspfade besitzen die Tendenz zur Bestätigung und Verfestigung, was im Umkehrschluss die besondere Bedeutung der frühen Arbeitskontakte und Sozialerfahrungen unterstreicht.

Die evolutorische Natur sozialer Systeme mahnt ferner dazu, den in der Managementlehre üblichen Voluntarismus (lat. *voluntas* = »der Wille«) aufzugeben. Unbegrenzte Machbarkeitsansprüche müssen kritisch reflektiert werden (vgl. exemplarisch Wimmer 1998).

Und auch wenn das den Omnipotenzwünschen vieler Topmanager widerspricht: In der Regel ist kein direktes Intervenieren möglich; Kunden, Investoren, Mitarbeiter besitzen *Eigen-Sinn*. Der in Managerkreisen übliche Machermythos unterstellt einen direkten Zugriff auf die Unterstellten, den es so nur im Ausnahmefall gibt. Zentrale Führungseingriffe müssen sich daher auf die Kontextsteuerung, also die Gestaltung zieladäquater Rahmenbedingungen, beschränken. Dies gilt nirgendwo so sehr wie in der modernen Wissensgesellschaft (mehr dazu in Kap. 6 und 7).

Nichtlineares Ursache-Wirkungs-Denken

Das nichtlineare Ursache-Wirkungs-Denken öffnet den Blick zum einen auf die Einflussversuche Dritter, zum anderen auf vorhandene Führungssubstitute – also Faktoren, die die Einwirkung des formellen Vorgesetzten entweder unnötig oder sogar unmöglich machen (vgl. Abschn. 5.4). Der Führungserfolg speist sich in der Realität meist aus vielen Quellen: einer befähigten Führungskraft, aber auch einer motivierten Belegschaft, einer vorausschauenden Unternehmenspolitik, einer passenden Organisationsstruktur, einer günstigen Ausgangssituation, Zufall und Glück. Gleichzeitig ist mit verzögerten Wirkungen zu rechnen bzw. wirken sich direkte Interventionen unvermutet auch andernorts im System aus (vgl. Probst u. Gomez 1991). Die Führungsperson bewegt sich letztlich irgendwo zwischen Allmacht und Ohnmacht.

Konstruktivismus

Soziale Phänomene wie Führung, Organisationen und Märkte existieren nicht unabhängig von den sie interpretierenden Menschen. Auch in so rationalen Bürokratien wie Parteien, Regierungen, Unternehmen führen erst subjektive Deutungen zu realem Verhalten. Die Absichten des Managements müssen folglich von den Interpretationen unterschieden werden, die im System bezüglich dieser Absichten entstehen. Während Paul Watzlawick (geb. 1921) die genannten Zusammenhänge eher im Bereich der zwischenmenschlichen Psychologie untersuchte (Watzlawick et al. 2007), steht der Name Karl Weick (geb. 1936) für die Übertragung dieses Grundgedankens auf die Managementforschung (1995, 1998). In seinem Werk verbindet sich die moderne Systemtheorie mit der biologischen Evolutionstheorie.

Organisationen sind demnach ebenfalls der Selektion durch die Umwelt ausgesetzt und müssen daher sinnvolle Variationen ihres Aktionsspektrums erzeugen. Weick (1998) ist dabei der Ansicht, dass die konventionelle Managementtheorie den Führungskräften letztlich eine zu enge Perspektive bietet und damit nur eine Seite der Medaille zeigt (vgl. von der Oelsnitz 2010).

Die damit verbundene Perspektive des *Konstruktivismus* betritt insofern Neuland, als sie eine Abkehr von der Vorstellung einer objektiven Realität begründet. Stattdessen erscheinen sowohl die physische als auch die geistige Welt des Menschen als

Ergebnis einer subjektiven Erzeugung (vgl. Watzlawick 2006; Berger u. Luckmann 2009). Die entsprechenden Kognitionen sind Hilfsmittel, mit denen sich die Menschen in der Welt zurechtfinden. Wir alle sind folglich unlösbar hineingestellt in unseren eigenen Bezugsrahmen, den wir selbst nicht distanziert reflektieren können. Wie unentbehrlich Kausalkonstruktionen für den Menschen zur Bewältigung seiner Lebensumwelt offenbar sind, zeigen Experimente, wie das vom Psychologen Alex Bavelas an der Universität Stanford durchgeführte (vgl. Watzlawick 2006, S. 13 f.).

Versuchspersonen wurde eine lange Reihe von Zahlenpaaren vorgelesen (z. B. 51 und 64, 34 und 98). Nach jedem Zahlenpaar sollten sie angeben, ob die beiden Zahlen zusammenpassen oder nicht. Auf die Frage, in welchem Sinne denn die Zahlenpaare »zusammenpassen« sollen, wurde geantwortet, ebendies sollen die Probanden ja herausbekommen. Jede Antwort der Versuchspersonen wurde vom Versuchsleiter umgehend mit »richtig« oder »falsch« bewertet. Der Clou dieser *noncontingent reward experiments* (übersetzt etwa: Experimente mit willkürlicher Belohnung) war natürlich, dass es zwischen den einzelnen Zahlenpaaren keinen Zusammenhang gab; sie waren willkürlich zusammengewürfelt.

Weil die Testpersonen nicht wussten, dass es zwischen ihrer Antwort und der Reaktion des Leiters keinerlei Verbindung gab, bildeten sie mit der Zeit eine klare Hypothese über den jeweils von ihnen vermeintlich entdeckten Zahlenzusammenhang aus. Diese Hypothese war häufig so stark, dass die Testpersonen auch dann noch daran festhielten, als der Versuchsleiter ihnen die Zufälligkeit seiner »richtig«- und »falsch«-Antworten offenbarte. Der Versuchsleiter (oder am Ende die Testpersonen selbst?) hatte schon anhand seiner *nichtkontingenten* Antworten eine hartnäckige subjektive Wirklichkeit in seinen Probanden entstehen lassen. Sie war so langlebig, dass die Versuchspersonen gelegentlich sogar annahmen, eine Regelmäßigkeit entdeckt zu haben, die dem Leiter verborgen geblieben war.

Der Konstruktivismus verkörpert letztlich eine Geisteshaltung, die in der wissenschaftlichen Theoriebildung realiter sehr viel weitläufiger ist und schließlich bis zur interpretativen Managementforschung reicht (vgl. einführend Jensen 1999). Er berührt – ungeachtet aller moderner Varianten und Spielarten – in seinem Kern Fragen der Wahrheit und Erkenntnisbildung. Typisch für ihn ist eine gehörige Portion Skepsis gegenüber dem gängigen Objektivitätsbegriff. Vorgesetzte und Topmanager müssen demgemäß anerkennen, dass jedes Systemmitglied eigentlich nur begrenzt erreichbar ist.

Gleichzeitig ist ein gewisses Maß an kollektivem Gleichklang wichtig. Zielführendes Handeln in sozialen Systemen könnte auf Dauer nicht organisiert werden, wenn es nicht überindividuell gültige Deutungen gäbe. Damit rücken die in jeder Organisation notwendigerweise vorkommenden Erklärungsschemata in den Vordergrund – das Lebensthema von Weick. Für ihn ist letztlich jede kohäsive Gruppe – also auch Familien, Teams, Vereine, Religionen, Kulturen – ein *sensemaking system* (1995) in dem Sinne, dass in ihr fortlaufend Prozesse der Selbstdefinition von Verhalten, Wahrheit und Zweckmäßigkeit stattfinden. Diesen Vorgang bezeichnet Weick als *enactment* (= »Erzeugung, Ins-Leben-Rufen«). Die Stufen lauten somit: Sinngebung – Wirklichkeitskreation – kollektive Handlungsgrundlage – individuelle Handlung.

Enactment-Prozesse sind Prozesse der Konstruktion von Wirklichkeit. Der Vorgang selbst ist zirkulär; er gründet in der retrospektiven Vergangenheitsverarbeitung und endet im Prinzip nie. Um die Falle der doppelten Kontingenz zu vermeiden – wäre alles kontingent, könnte letztlich gar nicht agiert werden –, muss vom System gehandelt werden (vgl. Baecker 1999, S. 177 f.). Denn erst Aktivität »zerschlägt« Kontingenz, beendet permanente Denkschleifen und Optionsprüfungen, erzeugt mithin Ergebnisse, die dann ihrerseits zum Gegenstand der Reflexion und damit neue Handlungsgrundlage werden können.

Diese zunächst abstrakten Ideen überführt Weick in mehr oder weniger konkrete Handlungsempfehlungen für Manager:

- Chaotische Aktivität ist besser als geordnete Inaktivität.
- Alles, was eine Person tut, hat neben den beabsichtigten mindestens genauso wichtige indirekte Wirkungen.
- Es gibt keine dauerhaften Lösungen und keine dauerhaften Antworten. Kaum etwas ist nur richtig oder nur falsch.
- Lassen sie Unordnung und Anarchie zu – sie liefern wertvolle Variationen.
- Betrachten Sie ihr Unternehmen als evolutionäres, sich ständig neu erfindendes und letztlich nicht wirklich zu kontrollierendes System.

Deutlich wird ferner, dass die Trennung zwischen einem betriebswirtschaftlichen und einem psychologischen Organisationsverständnis wenig Sinn hat. Diese zwar übliche, aber eben doch künstliche Differenzierung behindert den Weg zu einer effizienten und zugleich gesünderen Organisation. Es war einst die überragende Idee der Japaner, ihre Unternehmen als technische *und* soziale Systeme zu begreifen und insofern konsequent auch den »normalen« Mitarbeiter in das betriebliche Qualitäts- und Innovationsmanagement einzubeziehen. Diese in den 1980er-Jahren noch ungewöhnliche Idee führte zu radikalen Produktivitätsverbesserungen und legte letztlich den Grundstein für den wirtschaftlichen Aufstieg Japans.

Systemische Führungskräfte sollten demnach das Ganze sehen, eine gesunde Portion Machbarkeitszweifel besitzen, Vielfalt fördern und bis zu einem gewissen Grade Emergenz und Unberechenbarkeit in der Beziehung zu den Systemmitgliedern akzeptieren.

4 Die menschliche Leistungsmotivation

Unternehmen operieren heute im Spannungsfeld zwischen Ordnung und Chaos, Stabilität und Dynamik, Routine und Kreativität. Verwendet man vor diesem Hintergrund einen funktionalen Führungsbegriff, dann wird geführt, damit dem jeweiligen Systemzweck entsprechende Ergebnisse erzielt werden. In betriebswirtschaftlichen Organisationen sind das in erster Linie Effizienz- und Rentabilitätsziele. Jede Zielerreichung setzt eine entsprechende Leistungsmotivation der Systemangehörigen voraus. Wer wirksam Mitarbeiter führen will, muss also einiges über die Bestimmungsfaktoren des Verhaltens von Menschen sowie die Grundzüge der Motivationstheorie wissen.

4.1 *Können – Wollen – Dürfen*

Das menschliche (Arbeits-)Verhalten ist als Synthese aus persönlichem Können, individuellem Wollen und sozialem Dürfen zu begreifen (vgl. von Rosenstiel, Molt u. Rüttinger 2005, S. 259). Alternativ könnte man von Leistungsfähigkeit, Leistungsbereitschaft und Leistungserlaubnis sprechen.

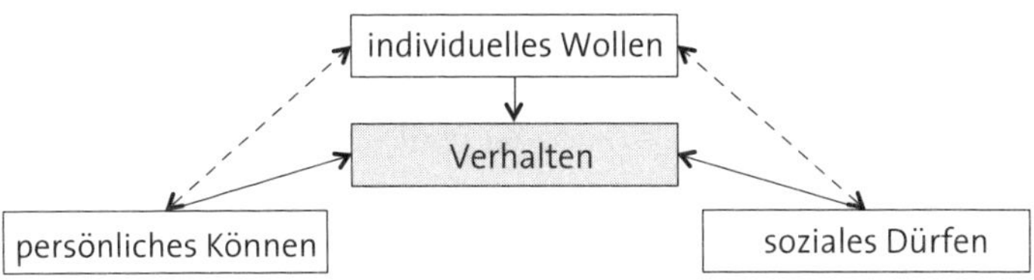

Abb. 3: Determinanten des (Arbeits-)Verhaltens

Die mitarbeiterbezogene Leistungsfähigkeit ist vor allem eine Frage der Ausbildung und Qualifikation. Eine systematische Einarbeitung sowie gezielte Trainings- und Fortbildungsmaßnahmen sorgen in den Unternehmen dafür, dass veraltetes Wissen durch aktuellere Kenntnisse und Fähigkeiten ersetzt wird. Dies kann z. B. durch die geplante Auslandsentsendung eines Experten, einen innerbetrieblichen Stellenwechsel sowie grundsätzlich durch den allgemeinen Wissensfortschritt in hoch entwickelten Gesellschaften nötig werden.

Das Wecken der persönlichen Leistungsbereitschaft der Mitarbeiter und die soziale Leistungserlaubnis durch Dritte sind für die Personalführung noch wichtiger. Vor allem die Motivation ist für zielorientiertes Handeln zentral und deshalb aus Managementperspektive Hauptansatzpunkt für leistungsorientierte Beeinflussungsstrategien. *Motivation* (lat. *movere* = »bewegen«) bedeutet zunächst eine zielgerichtete Verhaltensbereitschaft, die als Folge stimulierter Motive entsteht. Als sogenannte intervenierende Variable tritt Motivation zwischen situative Rahmenbedingungen und das beobachtbare Verhalten. Als theoretisches Konstrukt ist die Motivation allerdings keiner direkten Beobachtung oder gar Messung zugänglich. Man kann aber aus einem bestimmten Verhalten, z. B. dem Lernverhalten oder dem Kauf eines bestimmten Produkts, auf die zugrunde liegenden Bedürfnisse bzw. Motive einer Person rückschließen.

Von der Motivation abzugrenzen ist die *Volition*. Dieses Konstrukt könnte man mit »Willen« oder »Willensstärke« übersetzen (vgl. Heckhausen 1989, S. 189 ff.). Man braucht beides, um von einem Wunsch zu konkretem Tun zu kommen. Motiviert ist ein Mensch, wenn ihm eine bestimmte Aktivität Freude bereitet (z. B. das Bergsteigen) oder wenn die mit der Zielerreichung einhergehenden Effekte ihm Freude bereiten (z. B. der Ruhm, einen Achttausender erklommen zu haben). Stellen sich dem Handeln äußere Barrieren in den Weg, ist Denkleistung erforderlich; treten innere Barrieren auf, wie z. B. eine Ablenkung durch Interessanteres oder Versagensangst, benötigt man Willensstärke (vgl. von Rosenstiel, Molt u. Rüttinger 2005, S. 278). Der Wille dient folglich dazu, die eigenen Handlungsabsichten gegen innere Widerstände zu realisieren.

Dass diese Energie vor allem am Arbeitsplatz eine besondere Bedeutung besitzt, liegt auf der Hand. Wir alle kennen ja die immer auch unangenehmen Seiten eines Jobs – wie häufig müssen Lehrer schwache Schüler abmahnen, Personalchefs wenig leistungsstarke Mitarbeiter entlassen, Krankenschwestern schwierige Patienten versorgen oder talentierte Schauspieler in schlechten Filmen mitwirken. Sie alle benötigen umso mehr Willensstärke, je größer die Diskrepanz zwischen ihren kopfgesteuerten Zielen und ihren bauchgesteuerten Motiven ist. In der Absicht, Willensstärke systematisch zu stärken, sind verschiedene Trainingsverfahren entwickelt worden (vgl. dazu Kehr 2009, S. 77 ff.). Volition und Motivation bilden zusammen letztlich die Motivationslage einer Person. Sie sind sozusagen das Kraftwerk des Menschen und entscheiden über seine Aktivierung zum Handeln und seine Haltung während des Handelns.

4.2 Bedürfnisse als Energie spendende Verhaltensdeterminanten

Ohne dass in diesem Rahmen die gesamten Erkenntnisse der Motivationsforschung referiert werden können, soll zunächst zwischen Inhalts- und Prozesstheorien der Motivation unterschieden werden:

- *Inhaltstheorien* beschäftigen sich mit der Identifikation menschlicher Grundbedürfnisse und Motive. Sie fragen: Welche Antriebe lösen ein bestimmtes Verhalten aus?
- *Prozesstheorien* befassen sich hingegen mit den dynamischen Aspekten der Motivation. Sie fragen: Wie kommt ein gerichtetes Verhalten zustande, und wie wird es im Detail gelenkt?

Ein Beispiel aus der bereits behandelten Austauschtheorie soll das verdeutlichen. Die Inhaltstheorien arbeiten heraus, dass Menschen ein Bedürfnis nach Gerechtigkeit und Gleichbehandlung haben. Eine ungleiche Entlohnung bei (subjektiv!) gleicher Arbeitsleistung würde einen inneren Spannungszustand auslösen. Damit ist jedoch noch nichts darüber ausgesagt, wie sich diese Spannung konkret auswirkt. Hier setzen die Prozesstheoretiker an. Sie wissen z. B., dass soziale Vergleichsprozesse sehr wichtig sind: Menschen würdigen ihre Leistungen und Besitzstände in erster Linie *relativ* – das schöne, neue Auto ist nicht mehr so schön, wenn der Nachbar am nächsten Tag mit einem größeren und noch schöneren Auto vorfährt. Eine Gehaltssteigerung um 5 % ist Herrn Müller angenehm – aber nur so lange, bis er erfährt, dass Frau Schulze aus der Nachbarabteilung eine 10 %ige Gehaltssteigerung erhalten hat. Und das, obwohl sie doch erst vor einem Jahr eingestellt wurde und Herr Müller schon viel wichtigere Projekte für die Firma bearbeitet hat …

Als einer der wichtigsten Prozesstheoretiker hat Clayton Alderfer zentrale Motivmechanismen offengelegt (1972). Sein Ansatz ist deutlich informativer und valider als die ältere, aber wesentlich bekanntere Typologie Abraham Maslows (1977), die von fünf pyramidenförmig angeordneten Hauptbedürfnissen ausgeht und eine Hierarchie der Bedürfnisse unterstellt: erst die biologischen, dann die Sicherheits-, die Sozial-, die Anerkennungsbedürfnisse und am Ende das Selbstverwirklichungsbedürfnis. Während erstere *Defizitmotive* verkörpern, sind letztere *Wachstumsmotive*. Das bedeutet: Das Anerkennungs- und das Selbstverwirklichungsbedürfnis werden im Grunde nie dauerhaft befriedigt.

In seiner ERG-Theorie reduziert Alderfer die fünf Hauptbedürfnisse auf drei: *Existenzbedürfnisse* (»*e*xistance needs«), *Beziehungsbedürfnisse* (»relatedness needs«) und *Wachstumsbedürfnisse* (»growth needs«). Wie andere Motivationsforscher bezeichnet er die Nichterfüllung von Bedürfnissen als Frustration, die Erfüllung als Befriedigung. Kann ein Bedürfnis nicht befriedigt werden, so wird das hierarchisch niedrigere wieder dominant.

Bedürfnisklassen nach *Maslow*	**Bedürfnisklassen nach *Alderfer***
physiologische Bedürfnisse Hunger, Durst, Sex, Ruhe, Bewegung, Obdach	*Existenz-bedürfnisse*
Sicherheitsbedürfnisse Schutz vor Krankheit und Schmerz, Versicherung gegen Alter und Arbeitslosigkeit, Heimat, Schutz vor Beraubung, Diskriminierung, Wutausbrüchen anderer	*Existenz-bedürfnisse*
soziale Bedürfnisse Bedürfnis nach Gesellschaft, Kontakt, Aufnahme bei seinesgleichen, Bedürfnis nach Liebe, Freundschaft, Kameradschaft	*interpersonelle Beziehungs-bedürfnisse*
Geltungsbedürfnisse (Ichbezogene Bedürfnisse) a) Anerkennung durch andere Bedürfnis nach Status, Aufmerksamkeit, Anerkennung	*interpersonelle Beziehungs-bedürfnisse*
b) Selbsteinschätzung Bedürfnis nach Leistung, Können, Wissen Bedürfnis nach Selbstständigkeit und Unabhängigkeit Bedürfnis nach Selbstvertrauen	*individuelle Wachstums-bedürfnisse*
Selbstverwirklichungsbedürfnisse Entfaltung der Persönlichkeit	*individuelle Wachstums-bedürfnisse*

Abb. 4: Motive und Motivklassen nach Maslow und nach Alderfer

Die Kernaussagen der ERG-Theorie lauten:

- *Frustrationshypothese*: Je weniger die Existenzbedürfnisse befriedigt sind, umso stärker werden sie. – Begründung: Die Befriedigung so essenzieller Gegebenheiten wie Hunger, Durst und Sexual- bzw. Fortpflanzungstrieb dient dem Schutz und der Erhaltung des eigenen Lebens. Hier kann der Mensch nicht nachgeben. Hierzu zählte zu Beginn der Industrialisierung auch der oft unter dem Lebensminimum liegende Lohn der Hilfsarbeiter. Diese mussten auf Lohnerhöhung drängen oder sich eine andere Arbeit suchen.
- *Frustrations-Regressions-Hypothese*: Je weniger die Beziehungsbedürfnisse befriedigt sind, umso stärker werden die Existenzbedürfnisse. – Um sein Selbstbild zu erhalten und weitere Frustrationen zu vermeiden, »springt« der Mensch wieder auf eine niedrigere Bedürfnisstufe. Ein von seinen Kollegen gemiedener Mitarbeiter möchte dann wenigstens gut verdienen; ein sozial unbefriedigter Mensch stattet sich mit materiellem Reichtum aus.
- *Befriedigungs-Progressions-Hypothese*: Je mehr die Existenzbedürfnisse befriedigt sind, umso stärker werden die Beziehungsbedürfnisse. Je mehr die Beziehungsbedürfnisse befriedigt sind, umso stärker werden die Ich-Bedürfnisse. – Dies steht im Einklang mit der klassischen Lehre: Der Mensch will wachsen und wechselt bei Befriedigung einer Bedürfnisstufe auf die nächsthöhere. Ein Mitarbeiter, der auskömmlich verdient und von Kollegen wie vom Chef geschätzt wird, möchte nun wichtigere oder interessantere Aufgaben erfüllen.
- *Erhöhung des Anspruchsniveaus*: Je mehr die Wachstumsbedürfnisse befriedigt sind, umso stärker werden sie. – Hier befindet sich Alderfer wieder im Einklang mit Maslows Wachstumsmotiv. Salopp gesagt: Der Mensch ist nie zufrieden. Positiver formuliert: In dieser Eigenschaft liegt ein ungeheurer Antrieb zur steten Verbesserung von Lebenssituationen (für sich oder andere), der Quell z. B. auch permanen-

ter Produktinnovationen und damit letztlich die Basis für den ökonomischen oder sozialen Fortschritt.

Die ERG-Theorie ist deshalb so interessant, weil sie eine Brücke zwischen der älteren und der neuen Motivationstheorie schlägt und somit den Übergang von der Inhalts- zur Prozesstheorie markiert. Sie legt die dynamischen Beziehungen zwischen Bedürfnisbefriedigung und Bedürfnisaktivierung des Menschen offen.

Alderfer sagt allerdings nicht, wie und wodurch Vorgesetzte ihre Mitarbeiter konkret motivieren sollen. Er äußert sich auch nicht dazu, wie Bedürfnisse und Triebe bei einem Menschen entstehen. Daher soll hier noch ein zweiter Ansatz ausführlicher behandelt werden: die »Theorie der gelernten Bedürfnisse« von David McClelland (geb. 1917). Danach werden die meisten Bedürfnisse im Laufe des menschlichen Sozialisationsprozesses anerzogen, also bereits früh durch den Einfluss der Eltern, Geschwister, Freunde oder anderer Verhaltensvorbilder erlernt. Untergebene würden sich demnach in ihrem Handeln vom negativen wie positiven Vorbild ihrer jeweiligen Referenzperson(en) leiten lassen. Im Arbeitszusammenhang kommt naturgemäß dem Vorgesetzten eine besondere Bedeutung zu. »Wie der Herr, so's Gescherr«, sagt der Volksmund und drückt diese Erfahrung damit knapp und intuitiv zutreffend aus.

Motive werden als weitgehend unbewusste, bereits in der Kindheit entwickelte »Grundfesten der Persönlichkeit« interpretiert. Nach McClelland sind die drei Hauptmotive des Menschen:

- das *Leistungsmotiv* (»achievement«)
- das *soziale Anschlussmotiv* (»affiliation«)
- das *Machtmotiv* (»power«).

Das Besondere: Alle drei Grundmotive weisen je eine Hoffnungs- und eine Furchtkomponente auf (vgl. McClelland

1987). Ein Teammitglied kann also die Hoffnung auf sozialen Anschluss hegen, den anderen treibt eher die Furcht vor sozialer Ausgrenzung. Ein Sachbearbeiter strebt nach Beförderung und Kontrolle über andere, seinen Kollegen quält seit Jahren die Sorge, von seinem Umfeld rücksichtslos unterdrückt zu werden. Je nachdem, welche Grundkomponente bei einem Menschen dominiert, differenzieren sich Erfolgssucher und Misserfolgsvermeider.

Erfolgssucher finden sich häufig in den betrieblichen Forschungs- und Marketingabteilungen. Sie sind risikobereit, suchen nach äußerer Anerkennung, gelten als »Macher«. In diese Kategorie fallen auch überdurchschnittlich viele Führungskräfte. Wie wir noch eingehender sehen werden, führen Erfolgssucher ihre Leistungsergebnisse vor allem auf interne Ursachen, also z. B. die eigene Kompetenz oder Anstrengung, zurück. *Misserfolgsvermeider* sind geprägt durch das Streben nach Perfektion, Angst vor Kontrollverlust oder persönlicher Versagensangst, gelten als »Grübler«. Sie sind nicht selten pedantisch veranlagt und überdurchschnittlich in controllingnahen oder verwaltenden Tätigkeiten präsent. Sie attribuieren vor allem extern, also sehen ihre Resultate als von äußeren Einflüssen abhängig (z. B. Aufgabenschwierigkeit, Unterstützung durch Dritte, Zufall).

Mit dieser Einstufung ist keine Wertung verbunden, beide Antriebe – die Erfolgssuche wie das Misserfolgsvermeiden – können funktional sein. Auch ein Student, der primär Angst vor dem Durchfallen hat, kann tüchtig sein und am Ende sehr gute Noten erzielen. Ob sich ein bestimmter Motivtyp am Arbeitsplatz bewährt, hängt vor allem mit seiner beruflichen Aufgabe zusammen: Betätigungsfeld und Grundmotiv müssen zusammenpassen. Die Personalauswahl sowie auch die Personaleinsatzplanung sollten dies unbedingt beachten.

Die Grundantriebe einer Person sind in aller Regel implizit, d. h. ihr selbst nicht bewusst. Sie verbinden sich eher »still« mit den typischen Persönlichkeitsfaktoren, was ihre Messung erschwert und letztlich nur über Umwege möglich macht. Befragungen und andere direkte Erhebungsmethoden scheiden aus. Für die Motivmessung bewährt hat sich hingegen der *thematische Auffassungstest* (TAT), ein sogenanntes projektives Verfahren (vgl. Heckhausen 1989, S. 233 ff.; Schanz 1978, S. 42 f.). Das bekannteste Instrument dieser Gattung sind die zu deutenden »Tintenklekse« von Rorschach.

McClelland hat letztlich an die Erkenntnisse von Sigmund Freud und auch an seinen akademischen Lehrmeister, den amerikanischen Persönlichkeitspsychologen A. H. Murray, angeschlossen. Ersterer hatte erkannt, dass Inhalte der menschlichen Fantasie, wie sie z. B. in freien Assoziationen oder Tagträumen zum Ausdruck kommen, Auskunft über die grundlegenden Bedürfnisse und Motive eines Menschen geben können. Murray selbst hatte Freuds Arbeiten aufgegriffen und weitergeführt (er ist u. a. der Schöpfer des zur Personalauswahl eingesetzten Assessment-Center-Verfahrens).

Die Grundidee des TAT ist, Fantasien wachzurufen, die verborgene und unbewusste Grundmotive aufdecken. Das Verfahren beruht auf der anerkannten Tatsache, dass eine Person, wenn sie eine mehrdeutige Situation interpretiert, dazu tendiert, ebenso viel von ihrer Persönlichkeit wie von dem Sachverhalt selbst mitzuteilen, mit dem sie sich befasst. Für den geschulten Psychologen werden in der Deutung dieser Sachverhalte individuelle Wünsche, Ängste und Spuren vergangener Erfahrungen sichtbar.

Ein typischer Auffassungstest verläuft wie folgt: Es werden drei Personengruppen gebildet, deren Mitglieder eine, vier oder 16 Stunden lang nichts zu essen bekommen hatten. Den Gruppen wird die Aufgabe gestellt, zu einigen für jeweils 20 Sekunden an eine Leinwand projizierten Einzelbildern eine Geschichte zu erfinden und sie aufzuschreiben. Sie haben dafür jeweils vier Minuten Zeit. Die gezeigten Bilder beziehen sich in unklarer und diffuser Weise u. a. auf Nahrungssuche. Beim Niederschreiben der zu den einzelnen Bildern erfundenen (oder empfundenen) Geschichten sollten die folgenden Gesichtspunkte beachtet werden:

1. Wer sind die wichtigen Personen?
2. Was geschieht?
3. Was hat zu der gezeigten Situation geführt?
4. Was denken und wünschen die gezeigten Personen?
5. Was wird vermutlich geschehen?

Die Versuchspersonen projizieren die Gedanken, die sie beim Anblick der vorgeführten Bilder haben, in ihre Fantasiegeschichte. Da sie vor dem Experiment mehr oder weniger lange nichts zu essen bekamen, kann angenommen werden, dass sich das unterschiedlich aktivierte Bedürfnis nach Nahrung auf verschiedene Weise in der Deutung niederschlägt. (Murray hebt geschickterweise auf ein physiologisches Grundbedürfnis ab, dessen längere Nichtbefriedigung natürlich Spuren hinterlässt.)

Das Ergebnis: Je länger die Versuchspersonen nichts zu essen bekommen hatten, desto häufiger tauchte das »Hungerthema« in den Fantasiegeschichten auf. Die Häufigkeit der Thematisierung von Hunger stellt insofern einen verlässlichen Indikator für die Stärke des individuellen Bedürfnisses nach Nahrung bzw. die Intensität des hieraus resultierenden Handlungsmotivs dar.

Speziell auf berufliche Motive abzielende Anschlussstudien ergaben: Leistungsmotivierte Menschen bevorzugen mittelschwere Aufgaben, sind eher aufgaben-, weniger sozial orientiert, bevorzugen eigenverantwortliche Tätigkeiten mit raschem und direktem Feedback, sind besonders initiativ und beziehen die wesentliche Befriedigung aus der Arbeit selbst. Das Gehalt ist für sie hauptsächlich Leistungsindikator. Leistungsmotivierte messen sich zudem gern mit anderen und verfügen oft über ein überdurchschnittliches Selbstbewusstsein. Der Schweizer Tennisspieler Roger Federer sollte als 15-Jähriger in einem Tennisinternat seine Ziele zu Papier bringen. Er schrieb: »In die Top Ten kommen und dann die Nummer eins werden.« Die Weltklasse-Violinistin Anne-Sophie Mutter gewann schon mit fünf Jahren einen wichtigen Talentwettbewerb und nannte dann als ihren Berufswunsch nicht etwa: »Mitglied in einem Spitzenorchester«, sondern: »Solistin!«

Um sowohl Führungskräfte als auch Mitarbeiter richtig einzusetzen, müssen diese motivationalen Grundanlagen systematisch identifiziert werden. *Leistungsmotivierte* führen gern über Ziele und Aufgaben; sie bewähren sich beispielsweise im Vertrieb. *Machtmotivierte Vorgesetzte* neigen zu einem dominanten Auftreten und einem entsprechend autoritären Kommunikationsstil. Sie bevorzugen klare Hierarchien. Diese Grundanlage kommt z. B. beim Militär oder in produktionsorientierten Bereichen zur Geltung. *Anschlussorientierte Chefs* schließlich bevorzugen informelle Umgangsformen und die interaktive Abstimmung mit den Geführten. Dies bewährt sich vor allem in unstrukturierten Situationen, wie z. B. der Forschung oder Produktentwicklung.

4.3 Erwartungen als orientierende Verhaltensdeterminanten

> »Ausgangspunkt jeder Motivation ist das Ziel, zu dem sie führen soll. Wer nicht genau weiß, wofür er sich einsetzen, vielleicht auch quälen soll, wird niemals motiviert an eine Aufgabe herangehen.«

Das schreibt Bernhard Peters, der erfolgreichste Feldhockey-Trainer der Welt, in seinem Buch *Führungsspiel* (2008, S. 62). Peters ist sowohl mit der deutschen Damen- als auch mit der deutschen Herrenmannschaft mehrfach Weltmeister und Olympiasieger geworden.

Motive sind Verhaltensbereitschaften zur Behebung einer subjektiv empfundenen Mangelsituation. In welche Richtung ein Mangel beseitigt werden soll, ist jedoch eine intellektuelle Frage, die nicht triebhaft, sondern kognitiv beantwortet wird. Dabei spielen die Wirksamkeitserwartungen eines Mitarbeiters eine entscheidende Rolle. Mit ihnen beschäftigen sich die *Erwartungswerttheorien* der Motivation (vgl. Schanz 1978, S. 88 f.).

Diese Theorien basieren auf dem sogenannten *Weg-Ziel-Ansatz der Führung* – dem wichtigsten Modell der kognitiven Prozesstheorien. Der Weg-Ziel-Ansatz richtet den Fokus auf die Frage, welche »Instrumentalität«, also welchen Werkzeugcharakter, bestimmte Handlungen für einen Menschen besitzen. Damit verkörpert der Ansatz letztlich eine zwar psychologisch orientierte, im Kern aber ökonomische Entscheidungstheorie (vgl. Neuberger 2002, S. 537 f.). Sie entspricht im Wesentlichen dem tayloristischen Menschenbild: Der Mensch ist hiernach ein kühler Kosten-Nutzen-Abwäger.

Mitarbeiter sind demzufolge dann leistungsmotiviert, wenn ein entsprechendes Verhalten einen Nutzen (»Weg«) für die Erreichung eines subjektiv geschätzten Zieles besitzt. Dabei führen in der Regel mehrere Wege zum Ziel. Beispielsweise kann das allgemeine Bedürfnis nach Wohlstand Motiv für harte Arbeit, aber auch für einen Bankraub, exzessives Lottospielen oder den Besuch der Erbtante sein. Welchen Weg ein Mensch geht, hängt davon ab, für wie aussichtsreich und gleichzeitig anstrengend er ihn hält. Ob ein Mitarbeiter Leistung zeigt, wäre demnach weniger eine Frage persönlicher Anlagen als vielmehr von situationsbezogenen Mittel-Zweck-Einschätzungen abhängig. Das Gute: Diese Einschätzungen sind in der konkreten Arbeitsumgebung vom Vorgesetzten zu beeinflussen.

Ein Mitarbeiter wird letztlich dann motiviert sein, wenn er:

- eine hohe Wahrscheinlichkeit darin sieht, dass seine Bemühungen zu einer hohen Arbeitsleistung führen (sogenannte Anstrengung-Resultats-Erwartung);
- eine hohe Wahrscheinlichkeit darin sieht, dass eine gute Arbeitsleistung zur Belohnung führt (sogenannte Resultat-Gratifikations-Erwartung);
- die in Aussicht stehende Belohnung als attraktiv empfindet (die sogenannte Valenz einer Gratifikation).

Ein effektiver Vorgesetzter muss also begehrenswerte Belohnungen bereitstellen (heißt allerdings auch: die jeweils akuten Bedürfnisse seiner Mitarbeiter kennen), konkrete Wege zum Ziel aufzeigen sowie die Erwartungen der Untergebenen hinsichtlich der Erfolgswahrscheinlichkeit ihres Tuns stärken. Alternative Ziele sind zur Aktivierung also notwendig, aber nicht hinreichend.

Und attraktive Belohnungen sind nicht allein – und zukünftig vielleicht sogar immer weniger – ein verbessertes Gehalt und hierarchische Aufstiegsmöglichkeiten. Stattdessen geht es vielen Angehörigen der heutigen Wissensunternehmen zunehmend um Lernen, Sinnerleben, Autonomie und inhaltsbestimmte Fachkarrieren. Für immer mehr Mitarbeiter stellen anspruchsvolle Projekte einen größeren Anreiz dar als die Aussicht auf ein eigenes Büro.

Der Bestsellerautor Reinhard Sprenger hat zudem in mehreren Büchern (2008, 2010; ursprünglich Deci 1975, später Frey 1997; Sprenger baut auf den zitierten Arbeiten auf, den Korrumpierungseffekt hat Deci entdeckt, Bruno Frey hierzulande bekannt gemacht) anschaulich herausgearbeitet, wie sehr von außen kommende Belohnungen einen *Korrumpierungseffekt* auf Menschen haben können. Jede Leistungserbringung erfolgt ja prinzipiell aus zwei Gründen: entweder wegen des Interesses an der Tätigkeit selbst (bzw. dem Ergebnis dieser Tätigkeit) oder aufgrund der mit einer Tätigkeit verbundenen »äußerlichen« Belohnung.

Bei der intrinsischen Motivation ist die Aktivität selbst der Zweck (= direkte Bedürfnisbefriedigung), bei der extrinsischen Motivation ist die Aktivität eher Mittel zum Zweck (= indirekte Bedürfnisbefriedigung). In der Regel treten beide Arten jedoch nebeneinander auf und sind schwer voneinander zu trennen. Warum z. B. spielt ein Profischachspieler um die WM-Krone? Möchte er andere niederringen und seine geistige Überlegenheit beweisen? Möchte er sich selbst etwas beweisen? Ist er auf das Preisgeld aus? Oder spielt er am Ende einfach gern Schach, denkt sich z. B. für sein Leben gern immer neue Eröffnungsvarianten aus?

Die Korrumpierungswirkung besteht darin, dass ein von außen kommender Eingriff (Belohnung, aber auch Drohung etc.)

jene innere Einstellung, eine Aktivität um ihrer selbst willen auszuführen, beschädigt oder zurückdrängt. Man bezeichnet diese Wirkung daher auch als *Verdrängungs- oder Crowding-out-Effekt*, denn der ursprünglich innere Antrieb wird durch einen außengeleiteten verdrängt. Wenn etwas nur noch zur Voraussetzung für etwas anderes dient, gilt es dem Menschen meistens nicht mehr als erstrebenswert; es besitzt eben keinen Eigenwert. Kinder, die gern lernen und sich über gute Noten als Selbstbestätigung freuen und dann für jede »Eins« von Opa fünf Euro bekommen – werden die auch noch lernen, wenn die Belohnung durch den Großvater wegfällt?

In der Schweiz wurde in den 80er-Jahren ein Standort zur Lagerung von AKW-Abfällen gesucht. Nach längerer Suche fand sich ein Kanton dazu bereit, radioaktives Material einzulagern. Etwa drei Viertel der Einwohner waren dafür. Nun begann die Schweizer Bundesregierung, diesen Kanton für seine Kooperationsbereitschaft zu belohnen: Die betreffende Gemeinde erhielt ein neues Bürgerhaus, einen neuen Sportplatz, eine größere Bücherei etc. Was war die Folge? Als es schließlich zur offiziellen Volksabstimmung kam, war die Bereitschaft deutlich zurückgegangen: Klar weniger als die Hälfte der Befragten waren nun noch für diesen Plan. Man empfand das Füllhorn der Belohnungen offensichtlich als Ausdruck eines schlechten Gewissens der AKW-Betreiber und – schlimmer noch – als Versuch der moralischen Bestechung. Die Sozialpsychologie nennt so etwas *Reaktanz* (dazu Nerdinger 2008, S. 139 ff.). Die allermeisten Menschen haben etwas gegen die von außen durch Belohnung oder Strafandrohung verursachte Reduzierung ihres eigenen Verhaltensspielraums. Dies hat auch die Werbeforschung erkannt, die allzu plumpe und aufdringliche Botschaften tunlichst zu vermeiden sucht.

Leider hat sich diese Erkenntnis in den Führungsetagen noch nicht breit durchgesetzt. Vielfach meint die Praxis immer noch, Mitarbeiter vor allem durch die Aussicht auf Gehaltszuwachs, Beförderung oder einen eigenen Firmenparkplatz *dauerhaft* zur Mehrleistung stimulieren zu können. Tue dies, dann bekommst du das ... – dies ist bis heute das gängige Muster. Reinhard Sprenger sieht hierin einen »Verlust der Lust«. Er schreibt vollkommen zu Recht (2010, S. 102):

> »Belohnungen ersetzen uns den Spaß an der Sache durch den Spaß an der Belohnung. Sie untergraben unser natürliches Interesse, eine Sache um ihrer selbst willen zu tun. Sie verhindern, dass wir uns für etwas engagieren, einfach weil es uns Spaß macht [oder Sinn stiftet; D. v. d. O.].«

Aber wieder zurück zum Weg-Ziel-Modell. Ansatzpunkt für leistungssteigernde Beeinflussungsstrategien bieten in den *Erwartungswert-Theorien* natürlich die Faktoren, die die Instrumentalitäts- und Selbstwirksamkeitseinschätzungen der Mitarbeiter bestimmen. Ob eine Person Selbstvertrauen hat und bestimmte Handlungsoptionen als für sich geeignet wertet, ist vor allem Ergebnis vorausgegangener Lebenserfahrungen. Die aktuelle Handlungsmotivation eines Menschen hat immer eine Vorgeschichte. Hat man Hilflosigkeit schrittweise »erlernt« oder bereits im Kindesalter kraft eigener Anstrengung große Ziele erreicht? Eine Starviolinistin, die bereits im Vorschulalter Musikpreise gewinnt, wird sich vermutlich immer optimistischer und selbstsicherer zeigen als ein Schüler, der bereits mit zahlreichen Projekten gescheitert ist.

Zu diesen Vorerfahrungen tritt eine gewisse Lebenseinstellung. Der Psychologe J. B. Rotter (1966) hat mit seiner Idee des *Locus of Control* eine pointierte Unterscheidung gefunden: Die *Internals* meinen, für die Geschehnisse in ihrem Leben vor allem selbst verantwortlich zu sein; die *Externals* sehen sich in der Regel externen Einflüssen ausgesetzt, als Spielball der »Umstände«. Was also kontrolliert mein Leben: das Schicksal oder der eigene Wille? Kismet oder Ego?

Diese persönlichen Interpretationen untersucht die *soziale Lerntheorie*. Dabei spielt die subjektive Wahrnehmung die entscheidende Rolle: Es ist innerhalb dieses Konzepts nämlich unerheblich, ob ein Ereignis tatsächlich der eigenen Kontrolle unterliegt oder nicht; entscheidend ist allein, ob eine Person dies glaubt. Mitarbeiter, die eine internale Kontrollüberzeugung aufweisen, also ein positives oder negatives Ereignis – Beförderung bzw. entgangene Beförderung – als Konsequenz des eigenen Verhaltens wahrnehmen, zeigen sich direkten Führungseinflüssen gegenüber empfänglicher.

4.4 Rollenanforderungen als normative Verhaltensdeterminanten

Haben wir uns bislang auf das Stimulieren des Wollens der Mitarbeiter, also die gezielte Beeinflussung ihrer Leistungsbereitschaft, konzentriert, wollen wir nun den normativen Kontext des Mitarbeiterverhaltens in den Blick nehmen. Denn sowohl Untergebene als auch ihre Leitungspersonen agieren nicht im sozialen oder hierarchischen Vakuum, sondern sind ihrerseits konfrontiert mit den Verhaltens- und Ergebniserwartungen ihres Umfelds.

Menschliches Zusammenleben funktioniert nur, wenn sich die Beteiligten an bestimmte »Spielregeln« halten. Diese Regeln konstituieren eine *soziale Norm*. Als Regeln des »richtigen« oder »gebotenen« Verhaltens werden soziale Normen oft über Generationen weitergegeben. Dies geschieht sowohl explizit als auch stillschweigend, sowohl in Form schriftlicher Vorgaben und Gesetze als auch durch hintergründig-kulturell geformte Übereinkünfte. Das gesamte systemische Normengeflecht bildet letztlich die Grundlage des zwischenmenschlichen Zusammenlebens. Neben diesen kollektiv-gesellschaftlichen Normen existieren systemspezifische, wie z. B. die Unternehmenskultur oder Normen, die an einzelne Personen in besonderer Form herangetragen werden. Hierdurch werden bestimmten Individuen bestimmte Rollen zugewiesen.

Letztlich findet in jedem sozialen System eine *Zuordnung der Mitglieder über diverse Merkmalskategorien* statt. Das kann das Geschlecht sein, die Herkunft, das Alter oder die berufliche Funktion einer Person. An die so gebildeten Gruppen werden jeweils spezifische Verhaltenserwartungen gestellt.

»Als Führungskraft darf man sich so etwas nicht erlauben.« Oder: »In seinem Alter müsste er das aber wissen.« Mit diesen Kategorisierungen und den entsprechenden Verhaltenserwartungen wird beim Urteilenden eine gewisse Denkentlastung sowie eine sicherheitsstiftende Erwartungsstabilisierung erreicht (vgl. Luhmann 1995, S. 27 ff.). Gelegentlich dient der Verweis auf die eigene Rolle auch als Legitimation: »Ich tue es nicht gern, aber als Lehrer ist es meine Pflicht ...«

So wären die meisten Vorgesetzten wahrscheinlich durchaus bereit, zu delegieren und der Eigeninitiative ihrer Mitarbeiter freien Lauf zu lassen. Sie sind allerdings qua Ausbildung oder Temperament in erster Linie Manager. Mit anderen Worten: Sie werden dafür bezahlt, zu planen, zu organisieren und zu kontrollieren. Einen Manager aufzufordern, auf Management zu verzichten, wäre dann etwa so, als würde man einen Gärtner auffordern, auf Blumenerde zu verzichten. Insofern sind gerade auch Führungskräfte zu großen Teilen in ihrem Rollengerüst gefangen. Spiegelbildlich würden sich wohl wesentlich mehr Untergebene auf eigene Kreativität und unternehmerisches Denken einlassen, wenn sie der Meinung wären, ihr Vorgesetzter würde dies begrüßen, oder wenn sie sich nicht selbst auf ein Rollenverständnis als lediglich Ausführende reduzieren würden.

Rollenerwartungen werden also sowohl horizontal als auch vertikal formuliert. Gemäß dem strukturalistischen Ansatz der Rollensoziologie verkörpert eine *Rolle* das gesamte Bündel der Eigen- und Fremderwartungen an das funktionsbezogene Verhalten – hier: eines Positionsinhabers im Unternehmen. Aus dieser theoretischen Perspektive sind Rollenbilder primär aus der *systemisch-strukturellen* Einbettung einer Person zu erklären; sie legen fest, welches Handeln legitimerweise zu erwarten ist (vgl. Neuberger 2002, S. 314).

Die meisten Rollenmodelle dieser Provenienz treffen folgende Annahmen:

- Erwartungen sind *positionsspezifisch* (also eben nicht geschlechts-, alters- oder herkunftsspezifisch).

- Normative Erwartungen werden innerhalb eines Systems von *mehreren Personen formuliert.*
- Die im Fokus stehende Person ist in der Regel Mitglied *mehrerer Systeme.*

Die dritte Annahme wird als *Partialinklusion* bezeichnet und ist besonders verhaltensrelevant. Der Abteilungsleiter, die Vorstandssekretärin und der Fertigungsingenieur sind nur mit einem Teil ihres Lebens einer bestimmten Organisation (und ihren spezifischen Interessen) verbunden. Sie übernehmen außerhalb der Organisationsgrenzen eine Vielzahl weiterer Rollen, z. B. als Vater, Kegelbruder oder Parteigenosse. Der Polizist, der gerade keine Verkehrskontrolle durchführt, sondern auf dem OP-Tisch im Krankenhaus liegt, schlüpft natürlich in eine andere Rolle. Die unterschiedlichen Lebenswelten einer Person formulieren in aller Regel differente Verhaltenserwartungen.

Dies und die Tatsache, dass auch innerhalb der Organisation von diversen Seiten Normen formuliert werden, führt in vielen Fällen zu *Rollenkonflikten* (vgl. u. a. Nerdinger 2008, S. 162 f.). Derartige Konflikte werden von den Betroffenen nicht selten als moralisch belastend, ja quälend empfunden. Die kleine Tochter, die ihren Vater fragt, warum er in einem Rüstungskonzern arbeitet, oder der Ehemann, der von seiner ebenfalls beruflich stark eingespannten Frau erwartet, dass sie abends vor ihm zu Hause ist und die Tochter versorgt – sie alle argumentieren aus ihrer eigenen Partiallogik. Diese mag, isoliert betrachtet, nachvollziehbar sein, baut aber oftmals das u. a. auch in der Paartherapie gefürchtete *Doublebind* auf: Wenn man das eine tut, muss man das andere lassen. (Der unlängst verstorbene Humorist Loriot hat aus diesem Dilemma wunderbare Sketche komponiert.)

Ähnliche Rollenkonflikte treten am Arbeitsplatz auf. Sie sind allerdings nicht immer nur durch das kollegiale Arbeitsumfeld markiert, sondern größtenteils auch selbst definiert, meist durch das berufliche Selbstverständnis einer Person. Schon Elton Mayo hat gezeigt, dass Organisationsangehörige oft eher auf die unmittelbaren Arbeitskollegen hören als auf den Vorgesetzten. Exemplarisch zeigen dies die typischen Arbeitsrollen »Bremser« und »Akkordbrecher« (die folgenden Zitate aus Schanz 1978, S. 138):

»**Bremser**«
»Angenommen, du willst bei jedem Zahltag eine bestimmte Prämie herausgeholt haben, um ein Auto oder so was zu kaufen. Dazu musst du jede Schicht immer und immer wieder ordentlich ranhauen. Innerhalb einer Woche hättest du keinen Freund mehr hier in der Werkstatt. Und selbst wenn alles eingerichtet ist, dass du auf deinen regelmäßigen Zuschlag kommst, indem du wie ein Schwerarbeiter aufdrehst – mir würde so was keine Freude machen, wenn ich dadurch irgendjemandem schaden würde.«

»**Akkordbrecher**«
»Ich bin hier, um Geld zu machen. Wenn einer dieser verdammten Faulenzer glaubt, er könne mir das verbieten, soll er nur kommen. Ich bezahle meine Rechnungen und schulde keinem einen Cent. Ich bin immer pünktlich, ich mache nie blau, und ich verdrücke mich auch nicht früher. Die Firma kann sich auf mich verlassen. Warum soll ich mich darum scheren, was so ein paar Heinis von mir denken?«

Im Endergebnis ergibt sich für jeden Funktionsträger ein mehr oder weniger breiter Korridor erlaubten Verhaltens. Salopp gesagt: Ein Gruppenmitglied darf weder zu viel arbeiten noch zu wenig. Und auch nicht zu schnell oder zu langsam. Auch nicht zu gesprächig oder zu wortkarg etc.

Allerdings ist auch vor einer Überschätzung der normativen Rahmenbedingungen (Übersozialisierung) zu warnen. Die Außensteuerung über verinnerlichte Rollenzuweisungen ist stark, aber doch keineswegs so umfassend, dass das Individuum zum Handlungsautomaten degradiert würde. Der Mensch ist keine fremdgesteuerte Marionette. Je nach Charakter gibt es immer auch Mitarbeiter, die in Interaktion mit ihrer sozialen Umwelt Erwartungsgrenzen sprengen und die an sie gerichteten Rollenerwartungen aktiv aushandeln. Sie finden einen Kompromiss zwischen *role-making* und *role-taking*.

Auch Führungskräfte müssen eine bestimmte Rolle übernehmen und Erwartungen der Außenwelt – der Investoren, Aktionäre, Kunden, Mitarbeiter sowie nicht zuletzt auch des eigenen Vorgesetzten – entsprechen. Die Erfahrung zeigt, dass ihnen das *role-taking* nicht unbedingt leichter fällt als ihren Untergebenen. Trotzdem verzichten effektive Spitzenleute darauf, allzu sehr auf andere zu schauen oder ihren Mitarbeitern etwas vorzumachen. (Dies unterscheidet sie übrigens auch von den allzu charismatischen unter ihnen.)

Eine Rolle würde in diesem Fall, wie im Alltagssprachgebrauch, etwas Unechtes, Vorgespieltes meinen. Spitzenleute versuchen lieber, mit all ihren Ecken und Kanten »echt« zu sein. Ein Schauspieler kann im Lauf seiner Karriere mehrere Rollen spielen – ein Vorgesetzter kann das nicht. Der muss gegebenenfalls zwar unterschiedliche Systemerwartungen ausbalancieren; aber am Ende hat er seine Aufgaben zu erfüllen. Nicht mehr und nicht weniger.

5 Vertiefende Perspektiven systemischer Führung

Wie kann man den Organisationsmitgliedern mehr Freiheit geben, ohne die Zügel völlig aus der Hand zu geben und den Überblick zu verlieren? Und wie kann man als Vorgesetzter seine Untergebenen davon überzeugen, dass sie eine sinnvolle Aufgabe zu erledigen haben, für die es sich anzustrengen lohnt? Zur Klärung dieser Fragen gehen wir zunächst auf zentrale Eigenschaften von Führungskräften ein und beleuchten anschließend ihr konkretes Verhalten. Diskutiert wird unter Umkehrung der Perspektive dabei auch, ob Führung am Ende nur auf einem Wahrnehmungsfehler der Geführten basiert.

Auf diese Weise gerät die »kopernikanische Wende« der Führungslehre in den Blick: Die führerzentrierte Sicht wird um die explizite Einbeziehung der Geführten – ihre Erwartungen, ihre psychische und berufliche Reife, ihre konkreten Bedingungen am Arbeitsplatz – erweitert. Damit wird die je spezifische Situation gewürdigt, in der sich Vorgesetzte und Mitarbeiter befinden. Schließlich wird die Theorie der Führungssubstitution vorgestellt. Sie kreist um die Frage, was den Einfluss persönlicher Vorgesetzter ersetzen kann. Unter bestimmten Bedingungen bräuchten die Mitarbeiter womöglich keine direktive Führung mehr oder würden auf diese gar nicht mehr ansprechen.

5.1 *Eigenschaften: Charismatische Führer und Narzissmus*

Die Anfänge der Führungslehre liegen wohl schon mehrere Jahrtausende zurück. Es beginnt mit der Frage nach dem, was die erfolgreichen unter den militärischen und politischen Anführern der Vergangenheit auszeichnet. Ramses II., Alexander der Große, Cäsar, Napoleon, Winston Churchill, Mahatma Ghandi, Martin Luther King – was hatten, was konnten sie, was andere nicht hatten oder konnten? Gibt es ein tief verstecktes Geheimnis dieser Personen?

Niccolo Machiavelli ist berühmt geworden mit seinem Erziehungsratgeber *Il Principe* (»Der Fürst«), in dem es um die Frage geht, welche Grundeigenschaften und Einstellungen sich ein Anführer des damaligen Stadtstaats Florenz zulegen sollte. Machiavelli plädierte bekanntlich für ein pessimistisches Menschenbild: Traue niemandem! Die meisten Menschen sind Heuchler. Strebe daher nicht nach der Zuneigung deiner Untertanen; es ist sicherer, gehasst als geliebt zu werden. Der Zweck heiligt die Mittel!

Nicht nur die antiken Heldenepen sind durch eine Überbetonung der Einzelleistung und eine gleichzeitige Vernachlässigung hintergründiger Strukturen gekennzeichnet: Auch Manager und Politiker selbst tragen ihr Scherflein zu dieser Fehlattribuierung bei – beziehen sie doch einen Großteil ihrer Anerkennung (und letztlich auch ihres Gehaltes) aus dem Urvertrauen, das ihnen von anderen entgegengebracht wird. Ihnen kommt das menschliche Streben nach Vereinfachung entgegen, unser kulturell tief verwurzelter Individualismus sowie die Tatsache, dass nicht nur parteipolitische Wahlprogramme, sondern auch betriebliche Kontroll- und Anreizsysteme immer noch eher auf Einzelpersonen ausgerichtet sind. Auch die traditionelle Strategielehre macht da mit: Von Joseph Schumpeters »kreativem Zerstörer« bis zur »Entrepreneurial School« von Henry Mintzberg, die den mutig-visionären Unternehmer à la Bill Gates in den Mittelpunkt rückt, spannt sich ein durchgehender Bogen.

Gängige Führungseigenschaften

Machen wir zunächst eine Bestandsaufnahme: Welche Eigenschaften werden forschungsseitig mit erfolgreichen und effektiven Menschenführern in Verbindung gebracht? Es sind dies in der Regel: Intelligenz, Schulleistung, Größe, Gewicht, soziale Herkunft, Habitus, soziales Geschick, Beliebtheit und Charisma. Neuerdings wird auch der Narzissmus von Führenden einbezogen. Auf die beiden letztgenannten Faktoren werden wir nachfolgend ausführlicher eingehen.

Der Eigenschaftsansatz der Führung ist ersichtlich personenzentriert: Leader wird und bleibt, wer über bestimmte Merkmale und Persönlichkeitszüge verfügt. Wie diese Eigenschaften entstehen, ist Gegenstand uralter Debatten: Sind sie angeboren oder durch postnatale Prägung erworben *(born or made, nature or nurture)*? Aus dieser Streitfrage entstanden (wenigstens) zwei Denkschulen:

Die *Great-Man-Theorie*: Demnach werden große Führergestalten »geboren«. Sie besitzen einzigartige Talente, die – vor allem in der griechischen und römischen Antike, aber auch noch in der Feudalzeit Europas – quasi »gottgegeben« sind.

Die *Trait-Theorie*: Demnach bestimmen überdauernde Persönlichkeitszüge die Vorgesetzteneffektivität. Traits sind nachhaltige Eigenschaften einer Person, die sie dazu prädisponieren, sich über verschiedene Situationen hinweg konsistent zu verhalten. Sie gelten als »Bausteine der Persönlichkeit und Quelle der Individualität« (Allport 1959, S. 341 ff.). Die Pointe dieser Schule: Hilfreiche Führereigenschaften sind erlernbar bzw. erzieherisch sozialisierbar. Zu unterscheiden sind verschiedene »Nachhaltigkeitsniveaus«: Um *kardinale* Traits herum baut eine Person ihr ganzes Leben auf (Beispiel: Mutter Theresa); *zentrale* Traits sind wesentliche und sichtbare Charakteristika einer Person (Beispiel: Helmut Kohl); *sekundäre* Traits schließlich verkörpern persönliche Merkmale, die das Verhalten eines Menschen zwar vorhersagbar machen, aber nicht helfen, den »Kern« einer Person zu verstehen (Beispiel: Barack Obama).

Der Eigenschaftsansatz bildet einen wichtigen Erfolgsfaktor effektiver Führung ab, vernachlässigt in seinem Ausschließlichkeitsdenken aber weitere Einflussfaktoren. Die Geführten kommen in seinem Denken ebenso wenig vor wie die charakterlichen Veränderungen, die Menschen in Führungsverantwortung im Lauf der Jahre meistens erfahren. Der Eigenschaftsansatz pflegt insofern eine statische Betrachtungsweise. Er ist daher primär von deskriptivem, weniger von analytischem oder gar prognostischem Wert. Oder, einfacher: »Was dem Eigenschaftsansatz an analytischer Klarheit fehlt, macht er durch seine lange Tradition wett« (Neuberger 2002, S. 227).

Gleichwohl besitzt die Vermutung, Eigenschaften der Führungsperson und Führungserfolg lägen letztlich eng beieinander, wohl eine unausrottbare Plausibilität. Wir wollen uns daher etwas näher mit der faszinierendsten und zugleich ambivalentesten Führereigenschaft befassen.

Was ist Charisma?

Die Finanz- und Wirtschaftskrise macht es ebenso deutlich wie die Vielzahl der deutschen Traditionsunternehmen, die wie Rosenthal, Märklin, Karstadt oder Schiesser in den letzten Jahren in finanzielle Schieflage geraten sind: Die Krise ist die Stunde außergewöhnlicher Führungspersönlichkeiten. Schnell wird in solchen Lagen der Ruf nach zupackenden und visionären Unternehmensführern laut. Diese Erfahrung deckt sich nahtlos mit den einschlägigen Arbeiten des großen deutschen Universaldenkers Max Weber (1864–1919). Er hat behauptet, dass das Auftreten eines Charismatikers insbesondere in Zeiten politischer oder ökonomischer Umbrüche zu erwarten ist. Für Weber diente vermutlich der Generalfeldmarschall und Chef der Obersten Heeresleitung im Ersten Weltkrieg, der spätere Reichspräsident Paul von Hindenburg, als Folie.

Nach Weber (1963, S. 268) bezeichnet *Charisma* (griech. *charis* = »Geschenk, Gnade«) eine »wirkliche oder vermeintliche außeralltägliche Qualität eines Menschen«. Die feinsinnige Unterscheidung in dieser Definition lässt sich zur Grundlage eines attributionstheoretischen Zugangs machen: Charismatische Personen besitzen bestimmte Attribute demnach nicht objektiv, sondern sind vielmehr von der entsprechenden Zuschreibung ihrer Umgebung abhängig. Es handelt sich folglich um ein kollektives Konstruktionsphänomen. Um positive Attribute zugeschrieben zu bekommen, müssen Führende allerdings einiges tun: vor allem den Eindruck persönlicher Stärke und Durchsetzungskraft erwecken. Sie operieren ferner mit Methoden der Vertrauensbildung und Imagination: In ihren Äußerungen spielen Vorstellungen von einer besseren Welt eine zentrale Rolle.

Betrachtet man sich enthusiasmierende Verkäuferschulungen (»Du schaffst es«!) oder flammende Appelle von Firmenchefs an ihre verunsicherte Belegschaft, dann wird die Übertragbarkeit charismatischer Führung auf betriebswirtschaftliche Organisationen deutlich. Besonders in dieser Sphäre können von sich selbst überzeugte, optimistisch-zupackende Personen effektivitätsfördernd wirken; eine gesunde Portion Siegeszuversicht steckt leicht an.

Den Charismatikern unter den Führungskräften kommt dabei entgegen, dass sich viele Mitarbeiter in ihrem Vorgesetzten spiegeln möchten, nicht zuletzt, um ihr oft labiles Identitätsgefühl zu stärken und ihr Urvertrauen in die Fremdführung zu stabilisieren (vgl. Kets de Vries 2009, S. 19 ff.). Dieses Bedürfnis ist vor allem in Krisenzeiten groß, in denen in der Regel neue Deutungs- und Orientierungsmuster erforderlich werden. Diese Muster kann der Charismatiker – in seiner Rhetorik wie in seinem Verhalten – oft überzeugend vorbringen. Dass er selbst bedingungslos von seiner Mission überzeugt ist, steigert seine Wirkung auf Dritte noch weiter.

Merkmale charismatischer Leader sind demnach (vgl. House u. Shamir 1995, Sp. 882 ff.; Bass 1986):

- der Rückgriff auf eine inspirierende Vision
- die Ergebenheit des Charismatikers hinsichtlich der Aufgabe (bis hin zur Opferbereitschaft)
- Bereitschaft zur Risikoübernahme
- betonte Selbstsicherheit
- ausgeprägtes Dominanzstreben bzw. starkes Sendungsbewusstsein
- Vertrauen in bzw. hohe Erwartungen an die Geführten.

Ein Blick in die lange Liste politisch-militärischer Führer bestätigt diesen Merkmalskatalog mit verblüffender Trefferquote. Allerdings bleibt die Kausalität unklar: Erzeugt Charisma Führungserfolg? Oder erzeugt Führungserfolg Charisma? Übereinstimmung herrscht hingegen in einem anderen Punkt: Charismatiker führen in besonderer Weise werteorientiert. Über ihre persönliche Ausstrahlung gelingt es ihnen, die Werthaltungen und Emotionen ihrer Gefolgsleute zu beeinflussen. Die Formulierung von Zielen in oft ideologischen Schemata bietet gute Identifikationsmöglichkeiten und eine emotionale Heimat. Die Aufforderung des ehemaligen US-Präsidenten John F. Kennedy ist exemplarisch: »Fragt nicht, was euer Land für euch tun kann; fragt, was ihr für euer Land tun könnt!«

Auch in ökonomischen Systemen geht es um eine *werteverändernde (»transformationale«) Führung*, die schnöde Erwerbs- und Karriereziele der Mitarbeiter ebenfalls auf eine höhere Grundlage zu heben trachtet. *Noble values* sollen entstehen. Ziel kann es z. B. sein, die Serviceorientierung von Zugschaffnern zu steigern oder – zum Wohle aller – die Bereitschaft zu organisatorischer Mehrarbeit zu verbessern. Durch die systematische Transformation überkommener Arbeitswerte wird letztlich das Aufbrechen traditioneller Denkstrukturen sowie eine gesteigerte Motivation und Selbstverpflichtung der Geführten gegenüber ihrer Aufgabe angestrebt (vgl. Avolio a. Bass 1988; Bass 1990).

Wie wird das erreicht? Wertebewussten Vorgesetzten wird geraten, ihr Personal individuell anzusprechen, durch neue Einsichten anzuregen, mit einer zündenden Vision zu inspirieren und vor allem als Identifikationsfigur zu wirken. Die transformationale Führung stößt aber schnell sowohl an pragmatische als auch an ethische Grenzen (zu Details vgl. von der Oelsnitz 1999; Nadler a. Tushman 1990). In wessen Interesse und mit welchen Zielen werden z. B. persönliche Mitarbeiterwerte verändert?

Die zwei Gesichter des Charismatikers

Es ist kein Zufall, dass in den letzten Jahren Bücher den Markt überschwemmt haben, die so bunte Titel tragen wie *Narzissten, Egomanen, Psychopathen in der Führungsetage* (Dammann 2007), *Und morgen bringe ich ihn um! Als Chefsekretärin im Top-Management* (Münk 2006) oder *Der Arschloch-Faktor: Vom geschickten Umgang mit Aufschneidern, Intriganten und Despoten im Unternehmen* (Sutton u. Pfeiffer 2007). Ihre Popularität verdanken diese Bücher mit Sicherheit nicht allein dem Wunsch des Lesers, sich am Abartigen zu ergötzen; eher scheinen sie den persönlichen Erfahrungen vieler Menschen an ihrem eigenen Arbeitsplatz zu entsprechen. Offensichtlich wird das, was von außen als visionäre Kraft angepriesen wird, von innen häufig eher als krankhafter Zug wahrgenommen.

Kaum jemand hat sich so intensiv mit den emotionalen Abgründen von Führungskräften auseinandergesetzt wie der niederländische Psychoanalytiker Manfred Kets de Vries (2009). Der heute in Frankreich lehrende Experte gilt als *der* Analytiker der Managerseele. Er glaubt, dass sich Manager von unterdrückten Gefühlen und unbewussten Ängsten leiten lassen. Charismatischen Führungspersonen schreibt Kets de Vries eine gesteigerte Empathie zu – sie vermögen sich in besonderer Weise in ihre Mitmenschen hineinzudenken und wissen, bei wem welche Knöpfe zu drücken sind.

Doch da sich bekanntlich die Extreme berühren, können sich herausragende Stärken janusköpfig auch als schlimme Schwächen erweisen. Die vermeintliche Empathie erscheint dann häufig in Gestalt rücksichtsloser Ausbeutung und Manipulation der Anhänger. Als fanatische Zielverfolger werden Charismatiker nicht selten blind für die begründeten Ängste ihrer Untergebenen: Jede noch so leise Form der Kritik am Leader wird als persönlicher Angriff aufgefasst, der sich auf zerstörerische Weise »gegen ihr Selbstbild und ihr Vertrauen in die eigene Vision richtet« (Maccoby 2000, S. 14). Auch von Steve Jobs, der zwei Jahre vor seinem Tod zum erfolgreichsten CEO der letzten zehn Jahre gekürt wurde, ist bekannt, dass sein »Denke anders!« intern so viel hieß wie: »Denke wie ich!«.

Typische *Merkmale eines Narzissten* sind (vgl. Saß et al. 2003):

- grandioses Gefühl der eigenen Wichtigkeit
- starkes Eingenommensein von Fantasien grenzenlosen Erfolgs, der Macht, des Glanzes, der Schönheit oder der idealen Liebe
- Glaube, einzigartig zu sein (»Bin von Idioten umgeben«)
- Verlangen nach übermäßiger Bewunderung, schnelles Gekränktsein, kritikfeindlich
- ausbeutend in zwischenmenschlichen Beziehungen.

2009 hat in Deutschland vor allem ein Unternehmer für Aufsehen gesorgt: Wendelin Wiedeking. Sein Beispiel zeigt, wie sehr die Wahrnehmung eines Topstars letztendlich von den eingefahrenen Erfolgen abhängt. Jahrelang als Vorzeigemanager gefeiert, der die Porsche AG in den 90er-Jahren zurück zu altem Glanz geführt hatte, wurden Wiedeking nun, da ihm die Übernahme der VW AG letztlich misslungen ist, dieselben Eigenschaften, die zuvor in den höchsten Tönen gelobt worden waren, als negative Auswüchse einer gestörten Persönlichkeit vorgehalten. Aus dem eisenharten Durchgreifer, der volles Risiko geht und sich nie mit Mittelmaß zufriedengab, wurde in der Wahrnehmung der Wirtschaftspresse nun der größenwahnsinnige Egomane, der ohne Bedenken auf »die eigene Jagdgesellschaft und nicht aufs Reh schießt«.

Verantwortlich für diese Korrumpierung des Selbst können Dauererfolge oder uneingeschränkte Machtbefugnisse sein, die den Betroffenen in einen realitätsverkennenden Rauschzustand versetzen. Es scheint einen Punkt zu geben, ab dem der Betroffene glaubt, unverwundbar zu sein – nicht mehr fremden, sondern nur noch eigenen Gesetzen gehorchend: »Der Staat bin ich!« Die Frage, wo genau dieser Wendepunkt hin zum Pathologischen liegt, ist schwer zu beantworten. Die Symptome jedoch sind stets dieselben: Verlust an Bodenhaftung, Selbstherrlichkeit, Überempfindlichkeit, Ausschaltung von Selbstzweifeln. Häufig besteht der engste Beraterkreis des Betroffenen nur noch aus Jasagern und Hofschranzen. Kritiker werden hingegen durch ein paranoides Klima der Angst eingeschüchtert.

Für Unternehmen machen sich die negativen Folgen sowohl nach außen als auch nach innen bemerkbar. Nach außen kann der übersteigerte Narzisst zum gefährlichen Hasardeur mutieren, der seinem Unternehmen durch die eigenen Großmachtsfantasien Milliardenschäden zufügt – man denke an Schrempps Welt-AG. Nach innen übt er eine vergiftende Wirkung auf das Betriebsklima aus. Destruktive Narzissten weisen demzufolge einen doppelten persönlichen Mangel auf: einen Mangel an Integrität gegenüber dem Unternehmen einerseits; einen Mangel an Empathie gegenüber dem Mitarbeiter andererseits (vgl. von der Oelsnitz u. Busch 2010). Nach machiavellistischer Logik wird letztlich alles und jeder zu einem Mittel der eigenen Nutzenmaximierung. Das Unternehmen ist oft nur noch das Vehikel, mit dem der Manager sein Vorwärtskommen organisiert.

Und die Systemumwelt? Gläubiger, Kunden und Anteilseigner interessieren sich für die Unternehmensperformance, nicht für die internen Kollateralschäden. Für Burn-out, Bluthochdruck und Magengeschwüre der Mitarbeiter ist die BWL nicht zuständig; hierum kümmern sich Medizin und Psychotherapie als Reparaturbetriebe. Denn wer fragt nach Persönlichkeitsstrukturen, wenn die Zahlen stimmen?

Welche Lehren sind zu ziehen?

Offensichtlich gehen persönliche Selbstliebe und der Aufstieg in höchste Führungspositionen vielfach Hand in Hand. Damit rücken Möglichkeiten der Prävention und Vorfelddiagnose in den Vordergrund. Wir glauben, dass man die charismatischen oder gar narzisstischen Anteile an der Persönlichkeit einer

Führungskraft am ehesten über ihre Grundmotive entschlüsseln kann. Ein klassischer Aufsatz von McClelland und Burnham trägt nicht zufällig den Titel *Power is the great motivator* (1976, wiederabgedruckt 2003). Trotz der für ihn typischen Illusion der Allmacht bleibt der narzisstische Leader zur Bestätigung seiner Selbstachtung auf Dritte angewiesen. Ohne die staunenden Blicke des Publikums kann er nicht leben; er braucht die Bewunderung seiner Mitwelt. In abgeschwächter Form gilt dies auch für den Charismatiker.

Auffällig ist: Personen mit unterentwickeltem Anschluss- und schwachem Machtmotiv werden von ihren Mitmenschen selten als charismatisch wahrgenommen. Der erfolgreiche Manager oder Politführer ist ein Mensch, der nicht nur Macht und Einfluss hat, sondern sie auch immer wieder aktiv einsetzen will. Gleichzeitig wird der soziale Anschluss gesucht, werden Beziehungen und Netzwerke gepflegt.

In der Praxis kommt es aber nicht nur darauf an, *wie* Vorgesetzte ihre Macht einsetzen, sondern vor allem darauf, *wofür* sie sie einsetzen. Ein wichtiger Bestimmungsfaktor hierfür ist das Ausmaß des Verantwortungsgefühls eines Menschen. Hilfreich ist die Unterscheidung in ein sozial verantwortliches (socialized power) und ein ungehemmt-aggressives (personalized power) Gesicht der Macht. Während sich der gezähmte Leader mit »s-Macht« eher in den Dienst des Ganzen bzw. der Sache stellt und seine Untergebenen und Kollegen unterstützt, strebt der ungezähmte Machtmensch mit »p-Macht« vor allem nach Dominanz über andere. Er ist der langfristig destruktiv wirkende Charismatiker, der primär in Wettbewerbskategorien denkt. Das Leben erscheint ihm als Kampf, als Nullsummenspiel: Er kann nur gewinnen, wenn andere verlieren (vgl. McClelland a. Burnham 2003; Howell 1988, S. 217).

Charismatiker und – noch mehr – Narzissten sind in letzter Konsequenz ambivalente Personen, bei denen Gedeih und Verderb oft sehr nah beieinanderliegen. Wie in der Arzneikunde macht letztlich auch hier die Dosis das Gift. Der Vertrauensvorschuss und der unausgesprochene Spiegelungswunsch ihrer

Geführten sind ihr großes Plus; schon die altgriechischen Philosophen beschrieben ja die tiefe Anlehnungssucht der meisten Menschen. Es wird immer Mitarbeiter geben, die die Zornausbrüche ihres Vorgesetzten für eine Dienstanweisung halten. Nicht wenige neigen im beruflichen Leben zu Passivität und suchen nach einer omnipotenten Leader-Figur, die sie mit Überzeugungskraft auf den rechten Weg des Handelns führt. Charismatische Vorgesetzte nehmen diesen Wunsch gern auf. Komplexe Systeme sollten aber besser so eingerichtet werden, dass man auf den einsamen Helden verzichten kann.

5.2 Verhalten: Stile – Symbole – Attributionen

Will man Management an einzelnen Führungspersönlichkeiten festmachen, dann sollte weniger auf ihre Merkmale geschaut werden als vielmehr auf das, was sie tatsächlich tun. Natürlich gibt es zwischen beiden Sphären Zusammenhänge: Die Persönlichkeitszüge eines Menschen bleiben nicht ohne Einfluss auf die Art seines Umgangs mit anderen. Ungeduldige Vorgesetzte werden kein Faible für langwierige Besprechungen haben und sehr dominante Führende wenig Verständnis für Zögern und Zaudern bei der Kundenakquise.

Insofern ist es auch kaum möglich, das Führungsverhalten einer Person von ihren sonstigen Eigenschaften und Verhaltensweisen abzugrenzen. In enger Auffassung sind nur die Kommunikationen und die Handlungen, die der Führende ausführt, um das Verhalten seiner Untergebenen zu beeinflussen, wichtig. In weitester Auslegung ist jedes Tun von ihm »Führungsverhalten«: z. B. auch dann, wenn er sich nach dem Wohlergehen seiner Mitarbeiter erkundigt oder wenn er überpünktlich zur Arbeit erscheint. Der Vorgesetzte handelt hier bewusst als Rollenmodell, als Verhaltensvorbild, und auch das wäre »Führung« (vgl. von Rosenstiel, Molt u. Rüttinger 2005, S. 339). In jedem Fall jedoch ist das konkrete *Tun* eines Führenden »dichter« an den Geführten als die diesem Verhalten zugrunde liegenden Führer*eigenschaften*.

Die klassischen Studien der Führungsstilforschung
Im Zentrum dieser Forschungsrichtung – sie ist vor allem mit den Namen der Universitäten von Iowa, Michigan und Ohio verbunden – steht die Frage nach dem idealen *Führungsstil.* Dieser kann als situationsinvariantes (= überdauerndes) Verhaltensmuster von Vorgesetzten definiert werden. Die Wissenschaft war in den 1940er- und 50er-Jahren außergewöhnlich kreativ bei der Operationalisierung der Wirksamkeit verschiedener Führungsstile: Sei es, dass man sich die Trefferquote von Bomberbesatzungen im Zweiten Weltkrieg anschaute, die Abstichintervalle von Stahlarbeitern, die bearbeiteten Aktenberge in der Verwaltung oder auch die Wurfausbeute von Basketballteams in der NBA.

Zur Beschreibung des Führungsstils wird in der Regel von einem zweifaktoriellen Konzept ausgegangen: Eine Führungsperson kann demnach *mitarbeiterorientiert* oder *aufgabenorientiert* vorgehen. Ob beide Dimensionen orthogonal[3] sind, man also als Vorgesetzter das eine tun kann, ohne das andere lassen zu müssen, war lange umstritten. Heute geht man eher von einer Unabhängigkeit der Dimensionen aus – man kann also als Vorgesetzter sehr leistungsbezogen sein und gleichzeitig die Qualität der Beziehungen zu den Geführten pflegen. Das Drängen auf Zielerreichung muss demnach nicht zwangsläufig das menschliche Verhältnis zu den Untergebenen beeinträchtigen.

Abbildung 5 gibt das bekannte *Michigan-Stilkontinuum* wieder. Es zeigt, dass Autokratie und Partizipation letztlich eher Extrempole eines fließenden Verhaltensspektrums sind, das viele Zwischentöne erlaubt. Die allerwenigsten Vorgesetzten werden ausschließlich über direktive Anordnungen oder allein in echter Mitbestimmung führen.

Während sich die Dimensionen der Mitarbeiter- und Aufgabenorientierung eher auf die sachlichen Prioritäten des Vor-

3 »Orthogonal« (»rechteckig«) bedeutet in der empirischen Wissenschaft »unabhängig« im Sinn einer Kovarianz bzw. eines fehlenden Zusammenklangs.

Willensbildung beim Vorgesetzten						Willensbildung beim Mitarbeiter
1	2	3	4	5	6	7
Vorgesetzter entscheidet ohne Konsultationen der Mitarbeiter	Vorgesetzter entscheidet; er versucht aber, die Mitarbeiter von seiner Entscheidung zu überzeugen, bevor er sie anordnet	Vorgesetzter entscheidet; er fördert jedoch Fragen zu seinen Entscheidungen, v. a. um dadurch Akzeptanz zu erreichen	Vorgesetzter informiert Mitarbeiter über beabsichtigte Entscheidungen; Mitarbeiter können ihre Meinung äußern, bevor der Vorgesetzte die endgültige Entscheidung trifft	Mitarbeiter/Gruppe entwickelt Vorschläge; Vorgesetzter entscheidet sich für die von ihm favorisierte Alternative	Mitarbeiter/Gruppe entscheidet, nachdem der Vorgesetzte die Ziele und Probleme aufgezeigt und die Grenzen des Entscheidungsspielraums festgelegt hat	Mitarbeiter/Gruppe entscheidet, Vorgesetzter fungiert als Koordinator nach innen und außen
»autoritär«	*»patriarchalisch«*	*»informierend«*	*»beratend«*	*»kooperativ«*	*»delegativ«*	*»autonom«*

Abb. 5: Führungsstile im Michigan-Stilkontinuum (nach Wunderer 2007, S. 209)

gesetzten richten, fokussierte die wohl berühmteste Studie dieser Schule – ein 1939 von der Forschergruppe um Kurt Lewin an der University of Iowa durchgeführtes Experiment – eher den kommunikativen Umgangsstil sowie das Menschenbild der Leitungskräfte. Im Mittelpunkt stehen die Wirkungen verschiedener »Führungsstile« von Aufsichtspersonen auf das Verhalten zehnjähriger Kinder. Diese sollten, ausgestattet mit Papier, Buntstiften und Schere, in einer Schulstunde Bilder aus einem Buch ausschneiden und anschließend bunt ausmalen. Dabei wurden zunächst zwei Gruppen gebildet, die fortlaufend beobachtet wurden.

Die daraus resultierende Typologie von Lewin, Lipitt und White (1939) beschrieb drei Führungsstile:

- *Autoritäre Führung*: Hierbei erteilten die Lehrerinnen klare Arbeitsaufträge und überwachten ihre Ausführung. Die Produktivität der Gruppe war höher (es wurden mehr Bilder ausgemalt), aber bei Abwesenheit der Aufsichtsperson kam es zu einem raschen Leistungsabfall sowie zu Spannungen zwischen den Kindern. Motivation und Arbeitszufriedenheit waren gering, die Kinder zeigten kaum Interesse an ihrer Aufgabe.
- *Demokratische Führung*: Die Lehrerinnen machten Arbeitsvorschläge und ließen die Kinder entscheiden, welche sie übernehmen wollten. Die Kontrolle der Arbeitsausführung geschah eher beiläufig. Die Produktivität der Gruppe war etwas weniger hoch, dafür war die Arbeitsqualität deutlich höher. Es herrschten eine freundliche Arbeitsatmosphäre und ein stärkeres Zusammengehörigkeitsgefühl. Die Arbeitszufriedenheit war hoch, die Kinder entwickelten sogar eigene Initiative.
- *Laisser-faire (*also *Nichtführung)*: Dieser »Führungsstil« kam zufällig dadurch zustande, dass die Lehrerin wegen eines menschlichen Bedürfnisses kurz den Raum verlassen musste. Das Resultat war überraschend und erschreckend: Die Laisser-faire-Gruppe besaß die geringste Arbeitspro-

duktivität und die geringste Motivation. Sie entwickelte kaum Zusammengehörigkeitsgefühl; gelegentlich kam es sogar zu Willkürakten gegenüber schwächeren Mitgliedern. Durch Lewins Laisser-faire wurde zudem erstmals eine weitere Dimension in die Führungsforschung eingebracht: der Grad der Aktivität des Führenden.

Die Schlussfolgerung aus diesem Experiment ist klar: Man sollte stets »demokratisch« führen und die Schutzbefohlenen »mitnehmen«. Der Begriff der Demokratie ist in diesem Kontext allerdings sehr irreführend. Insofern ist *Kritik* angebracht: Zunächst liegt der Verdacht nahe, dass Lewins persönliche Biografie – er kritisierte den autoritären Erziehungsstil des preußisch-deutschen Kaiserreichs und musste während des »Dritten Reichs« auswandern – nicht losgelöst vom Forschungsresultat gesehen werden kann. Lewin ging es vermutlich von Anfang an um eine Bestätigung »demokratischer« Prinzipien in der Menschenführung. Zudem betrachtet er – wie die anderen Forscher dieser Schule auch – den Führungsstil eines Menschen unreflektiert als fixes Persönlichkeitsmerkmal. Die Merkmale der Geführten blieben auch für ihn zweitrangig.

Gleichwohl beschreibt der Verhaltensansatz fundamentale Verhaltenskategorien von Führungskräften und ist so Grundlage praktischer Schulungen und weiterer Forschungsprojekte geworden. Allerdings sind auch die von der neueren Forschung ausgewiesenen *Korrelationen zwischen Führungsstil und Führungsergebnissen* dünn. Verlässt man die künstlichen Spiel- und Experimentalsituationen, dann ist bis heute keine klare Präferenz für z. B. autoritäre oder partizipative Führungsmuster nachweisbar. Es lassen sich durchweg fast ebenso viele Beispiele für gescheiterte kooperative Vorgesetzte finden wie für erfolgreiche; und ebenso viele für erfolgreiche Autokraten wie für erfolglose (vgl. Malik 2006, S. 146 f.).

Diese Beurteilung ist selbstverständlich auch davon abhängig, wie man Führungserfolg operationalisiert, ob man eher die ökonomische Zielerreichung oder eher die soziale Akzeptanz und kohäsive Wirkung von Führung im Blick hat. Da in den allermeisten Wirtschaftsorganisationen Resultate wichtiger sind als die allgemeine Arbeitszufriedenheit, wird man kaum auf effektive Führungskräfte verzichten wollen, nur weil sie einen bestimmten, möglicherweise zeitgeistig umstrittenen Führungsstil pflegen.

»The Romance of Leadership«

Der Geschäftsmann Robert Heller spottete bereits vor über 100 Jahren: »The first myth of management is that it exists« (»Der erste Mythos des Managements ist, das es existiert«). Ist Führung am Ende nur eine Illusion von Kontrolle und Machbarkeit? Sind die meisten Parameter in den komplexen Systemen der Moderne vom Einzelnen gar nicht mehr zu beeinflussen – vom einzelnen Unternehmen nicht und schon gar nicht von einzelnen Personen? Nach einer viel zitierten Formel von Jeffrey Pfeffer sind Organisationen in erster Linie »systems of shared meanings and beliefs« (»Systeme gemeinsam geteilter Bedeutungen und Überzeugungen«; 1981, p. 1). Damit es zu dieser Gemeinsamkeit im Denken, Fühlen und Wollen kommt, sind trotz allem bestimmte Führungshandlungen erforderlich. Konstruktivistisch geprägte Führungskräfte wissen das. Ihnen ist bewusst, dass Organisationen nicht nur Zweck-, sondern eben auch Sinngemeinschaften sind.

Diese Einsicht strahlt auch auf den personalen Führungsprozess aus. Ein treffender, aber leider weitgehend unbeachteter Aufsatz trägt den Titel *The romance of leadership* (vgl. Meindl, Ehrlich a. Dukerich 1985). Führungserfolg ist demnach eher ein Wahrnehmungsphänomen, gespeist aus dem menschlichen Hang, dem Strom der Ereignisse einen Sinn zu verleihen. Dies ist in einer zunehmend komplexen und mehrdeutigen Umwelt immer schwieriger. Die wichtigste Aufgabe eines Vorgesetzten besteht aus dieser Sicht darin, das eingespielte System geteilter Wahrnehmungen sicherzustellen und weiterhin für eine einheitliche Interpretation der Geschehnisse innerhalb und außerhalb des Unternehmens zu sorgen (vgl. Smircich a. Morgan 1982).

Dabei ist natürlich die bereits aufgeworfene Frage nach dem Locus of Control des eigenen Schicksals essenziell.

Eine Studie konnte zeigen, dass Firmenangehörige für die erreichten Erfolge fast immer ihre Manager verantwortlich machen – dies erhält ihnen die Illusion der Kontrolle geschäftlicher Umstände. Auf der Basis der Geschäftsberichte von 18 US-Firmen ergab die Untersuchung ferner, dass *externe* Ursachenzuschreibungen für erlittenen Misserfolg, also z. B. das Motiv einer ungünstigen Konjunktur (statt: eigener Führungsfehler) oder überharter Wettbewerber (statt: eigener Versäumnisse), den künftigen Erfolg eines Unternehmens in der Regel mindern (vgl. Salancik a. Meindl 1984, p. 249). Selbstkritik unterbleibt; mögliche Führungsfehler werden ignoriert.

Dieses Personalisieren von Ursachen und Ergebnissen beruht zwar auf einem *fundamentalen Attributionsfehler*, nährt aber letztlich die Vorstellung, die »da oben« hätten »die Dinge im Griff«. Diese Deutung trägt zur Beruhigung der Geführten bei und stärkt zugleich ihr Selbstvertrauen. Die »Führungsromantik« besitzt, neben aller Problematik, also durchaus positive Effekte – das Management muss allerdings aktiv zu dieser Interpretation beitragen.

Hierfür sind *Symbole*, die als spezifische Sinnbilder Bedeutungen prägnant verdichten, besonders hilfreich (vgl. Weibler 1995, 2001, S. 381 f.). Neben die klassischen Management-by-Techniken tritt dann z. B. das gezielte *Impression Management* oder das *Management by Walking around*. Der Vorgesetzte lässt sich regelmäßig in den Büros der Mitarbeiter sehen und demonstriert auf diese Weise Aufmerksamkeit für den und Hinwendung zum Einzelnen. Er ist jederzeit ansprechbar und kommt seinen demokratischen Pflichten nach.

Führungserfolg beruht demnach mindestens so sehr auf geschickten *symbolischen Handlungen* wie auf substanziell sachgerechten Aktionen. Anders gesagt: Es geht nicht (nur) um die richtigen Verhaltensstrategien, sondern vor allem um mentale Einmütigkeit. Diese wird vor allem durch »wirklichkeitskonstruierende« Konzepte wie Analogien, Geschichten oder Metaphern erzeugt. Im Extrem werden symbolische Handlungen sogar als eigentlicher Kern des Managements begriffen: »Executives, after all, do not synthesize chemicals or operate lift trucks; they deal in symbols« (»Letztlich produzieren Führungskräfte nicht Chemikalien oder lenken Gabelstapler, sondern sie handeln mit Symbolen«; T. Peters 1978, p. 10). Bislang auf ihre rein sachliche Bedeutung reduzierte Managementparameter können auf diese Weise »vollständiger«, d. h. auch in ihrer emotionalen und kommunikativen Bedeutung gesehen werden.

Dass dabei der Sprache der Manager eine zentrale Rolle zufällt, wurde u. a. durch den *linguistic turn* in den Sprachwissenschaften herausgearbeitet. Worte beschreiben demnach nicht nur bestimmte Sachverhalte, sondern bereiten auch ihre Interpretation vor. Der Sprachphilosoph Ludwig von Wittgenstein (1963) trifft den Nagel auf den Kopf, wenn er feststellt, dass die »Grenzen meiner Sprache zugleich die Grenzen meiner Welt« sind. Die sogenannte Neurolinguistische Programmierung (NLP) nimmt diesen Sachverhalt konstruktiv auf. Das eigene Sprechen wird hier zum ersten Schritt der Lösung – die eigenen Gedanken und Worte schaffen eine Wirklichkeit, die buchstäblich »wirkt«.

5.3 Situationen: Die Geführten und der situative »fit«

In der Praxis stellen sich viele Unternehmen viel zu selten die Frage, welche Art von Vorgesetzten ein bestimmter Mitarbeiter in einer bestimmten Situation oder für seine nächste persönliche Entwicklungsphase benötigt. Nur Vorbild in fachlicher oder charakterlicher Hinsicht zu sein reicht in den meisten Fällen nicht aus. Dass sich viele Unternehmen an diesem Punkt so schwertun, liegt auch daran, dass sie nicht erkannt haben, wie sehr ein Vorgesetzter letztlich auch ein guter *Diagnostiker* sein muss. Personen mit echter Führungskompetenz erkennen sehr schnell, ob jemand eher ein Einzelgänger oder eher ein Teamplayer ist. Sie sehen in kürzester Zeit, ob jemand mit seiner aktuellen Aufgabe über- oder unterfordert ist (der zweite Fall ist vermutlich der häufigere). Sie erfassen instinktiv, wann jemand Schonung benötigt, wann Ansporn, wann Strenge, wann Lob. Und sie haben schließlich ein intuitives Gespür dafür, ob ein Mitarbeiter wirklich aus tiefstem Herzen gewissenhaft ist – seine Kollegen mögen das dann detailverliebt oder pedantisch nennen – oder nur unter Kontrolle und Strafandrohung wichtige Details sorgfältig erledigt.

Persönliche Eigenschaften eines Vorgesetzten sowie auch sein faktisches Handeln gegenüber den Untergebenen stoßen in einem unpassenden Szenario schnell an ihre Grenzen: Es ist der Grundfehler eigenschafts- und verhaltensorientierter Modelle, dass sie die situativen Rahmenbedingungen, in denen sie operieren, ignorieren. Führungserfolge lassen sich aber nie allein auf die Persönlichkeit oder das äußere Verhalten einzelner Personen zurückführen.

Somit können auch *keine generell gültigen Regeln für erfolgreiche Führung* existieren. Mit diesem Aberglauben werden zwar viele Leadership-Ratgeber verkauft, aber richtiger wird dieser Ansatz dadurch nicht. Wichtig ist vielmehr eine situationssensible Variation des Führungsverhaltens – das, was US-Forscher *reality centered leadership* nennen. Die Arbeiten an einem solchen Führungsmodell begannen in den frühen 1970er-Jahren. Ihr Ergebnis waren situativ differenzierte Führungsempfehlungen, die Arbeitssituation, Geführtenmerkmale und Vorgesetztenverhalten in enge Übereinstimmung bringen sollten (sogenannte Leadership-Match- oder -Fit-Modelle).

Als wichtige *Deskriptoren der Führungssituation* gelten vor allem:

- Vorgesetzte
- Kollegen
- Aufgabenanforderungen
- Organisationsstruktur und -kultur
- Unternehmenspolitik und Managementphilosophie.

Das Kontingenzmodell der Führung

Der Erste, der eine empirisch prüfbare, situative Führungstheorie vorgelegt hat, war Fred E. Fiedler (geb. 1922), Professor für Psychologie und Management an der Universität Washington, Seattle. Sein *Kontingenzmodell* (*kontingent* = »abhängig«) geht davon aus, dass sich die Arbeitsleistung einer Gruppe nach dem Führungsstil des Vorgesetzten bestimmt sowie nach dem Ausmaß, in dem die Arbeitssituation ihm gezielte Interventionen erlaubt. Es gibt demnach eine feststellbare Korrelation zwischen einem situativ orientierten Führungsstil und der Führungseffektivität (vgl. Schanz 1978, S. 176 ff.).

Die Kombination der genannten Ausprägung dieser Beschreibungsfaktoren bestimmt die spezifische Günstigkeit der Führungssituation:

- *Die Positionsmacht des Vorgesetzten:* Mit welcher Legitimation bzw. Amtsautorität wird der Führende von seiner Organisation ausgestattet? Für Fiedler ist das der am wenigsten bedeutsame Situationsfaktor.
- *Der Grad der Aufgabenstrukturiertheit:* Wenn Klarheit über die Gruppenziele besteht, die Zahl möglicher Wege zum Ziel gering ist oder formale Algorithmen angewendet werden können, dann liegt eine gut strukturierte Aufgabe vor. Diese stattet die Führungsperson mit mehr Einfluss und Macht aus als eine unstrukturierte Aufgabe.
- *Die Führer-Geführten-Beziehung:* Bestehen ein gutes Arbeitsklima und eine vertrauensvolle, auf Sympathie beruhende Beziehung zwischen Chef und Mitarbeitern, dann ist die Situation für direktive Einflüsse günstig. Diese Beziehungsqualität wird allerdings weniger von der Organisation als von der Persönlichkeit der Führungsperson festgelegt. Sie stellt nach Fiedler dennoch den mit Abstand bedeutsamsten Situationsfaktor dar!

Fiedlers Modell war eine Pioniertat. In besonders günstigen und in besonders schwierigen Führungssituationen wäre demnach ein aufgabenorientierter Führungsstil am effektivsten. Die Lokomotion steht im Vordergrund. Ein beziehungs- bzw. mitarbeiterorientiertes Führen empfiehlt sich nur in den dazwischenliegenden, »mittelschweren« Führungssituationen. Hier geht es vor allem um den Zusammenhalt (die Kohäsion). Anders gesagt: Eine »Armee unter Feindbeschuss« kann nur aufgabenorientiert geführt werden; soziale Beziehungen treten in den Hintergrund. Sich hingegen primär den Mitarbeitern zuzuwenden, ohne permanent den Blick auf die Arbeitsergebnisse zu richten, wäre vor allem dann sinnvoll, wenn eine gute Beziehungsqualität gegeben ist und/oder sich die Aufgabe weitestgehend von selbst erklärt.

Fiedler führt mit seinem Modell erstmals die Idee ein, dass eine Führungsperson für ihre Wirksamkeit auch der Mitwirkung der Mitarbeiter bedarf. Anders gesagt: Sie müssen sich auch führen lassen. Fiedler hat zudem noch eine Pointe parat. Er glaubt, dass Vorgesetzte aufgrund ihres ureigenen Naturells zeit ihres Lebens *auf einen bestimmten Führungsstil festgelegt* sind. Es gibt demnach eben eher »streng-sachliche« und eher »soziale« Führertypen. Führende wären demnach gar nicht in der Lage, ihr Verhalten angemessen zu variieren, sondern könnten nur die Führungssituation beeinflussen, z. B. die Aufgabe besser erklären oder an der Schraube der Beziehungsqualität drehen. Für einen naturgegeben aufgabenorientierten Vorgesetzten könnte es dann sogar günstig sein, die Führungssituation gezielt zu verschlechtern ...

Das Bereitschaftsgrad-Modell der Führung

Unter einer systemischen Perspektive ist ferner ein Modell interessant, das von Paul Hersey und Kenneth Blanchard auf der Basis der Ohio-State-Führungsdimensionen entwickelt wurde (mitarbeiterorientiert – leistungsorientiert). Beide Dimensionen können danach gleichzeitig praktiziert werden. Die Autoren konzentrieren sich allein auf effektive Führungsstile und betrachten auch nur ein einziges Situationselement als ausschlaggebend: den sogenannten *Bereitschaftsgrad* der Geführten. Damit ist die Fähigkeit und Bereitschaft der Untergebenen gemeint, sich am Arbeitsplatz aufgaben- und zielorientiert zu verhalten.[4] Daraus ergeben sich vier Führungsstile:

- Anweisen *(telling):* Mitarbeiterorientierung gering, Aufgabenorientierung hoch
- Argumentieren *(selling):* Mitarbeiterorientierung hoch, Aufgabenorientierung hoch
- Beteiligen *(participating):* Mitarbeiterorientierung hoch, Aufgabenorientierung gering
- Delegieren *(delegating):* Mitarbeiterorientierung gering, Aufgabenorientierung gering.

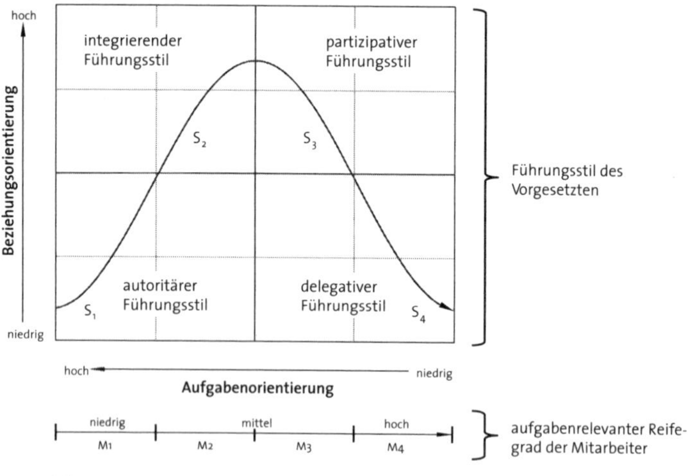

Abb. 6: Das Bereitschaftsgrad-Modell (nach Hersey, Blanchard a. Johnson 2001, p. 186)

4 Im ursprünglichen Modell ist von einem »Reifegrad« der Mitarbeiter die Rede; wegen der wertenden Konnotation von »Reife« wurde der Terminus später durch »Bereitschaft« ersetzt. Andernfalls wären nicht diensteifrige Mitarbeiter pauschal als unreif qualifiziert worden.

Der Erfolg dieser Stile ist situationsabhängig – es ist der Stil zu wählen, der mit dem Reifegrad der Geführten korrespondiert. Somit bestimmen die *Geführten* den optimalen Führungsstil. Und der Vorgesetzte muss nicht mehr nur einen »optimalen«, sondern alle Führungsmuster beherrschen.

Für ihn bleibt neben der Diagnostik eine zweite, allerdings sehr wichtige Aufgabe: Er soll die *Entwicklung seiner Untergebenen konsequent fördern.* Dies erreicht er vor allem durch die schrittweise Delegation wichtiger Aufgaben. Auch eine geschickte Variation der eingesetzten Machtgrundlagen fördert die Mitarbeiterentwicklung. Neue, unerfahrene Untergebene reagieren am ehesten auf negative Sanktionen (»Strafen«) bzw. deren Androhung; bereits Eingearbeitete, Dienstbeflissene auf mögliche Belohnungen; gute und sozial mit dem Chef vertraute Mitarbeiter auf Identifikationsmacht – für sie ist der Vorgesetzte in erster Linie ein Rollenmodell. (Damit wird dieser übrigens selbst zu einem Symbol: nämlich eines für Leistung und Erfolg.)

Und die alten Hasen im Team? Die führen und kontrollieren sich tatsächlich selbst. Der Vorgesetzte hilft ihnen hier nur noch aufgrund seiner Informationsmacht, d. h. gibt seine berufspraktischen Erfahrungen weiter, mobilisiert andernorts Unterstützung für ihre Projekte oder berichtet von Einblicken, die er durch seine hierarchische Position von der Unternehmensspitze erhält.

Dieses *Laisser-faire-Muster* ist exakt auf die Arbeitskräfte der modernen Wissensgesellschaft zugeschnitten. Es dient beiden Seiten: Die Geführten handeln frei von fremdbestimmten Zwängen, und die Führungskraft kann sich auf andere Leitungsaufgaben besinnen (Strategieentwicklung, Markt- und Kundenanalysen etc.). Was bei Kurt Lewin noch ein Zeichen für Anarchie und Nichtengagement war – die Führungskraft hält sich aus dem operativen und erzieherischen Bereich heraus –, wird bei Hersey und Blanchard nun zur Norm für gute Führung.

Beide Klassiker des Situationsansatzes haben *Kritik* erfahren. Insbesondere Fiedlers Kontingenzmodell konnte in empirischen Anschlussstudien nie repliziert werden. Er erlebte ein Fiasko (vgl. Neuberger 2002, S. 499 f.). Das Reife- bzw. Bereitschaftsgrad-Modell kam besser weg. Beide Ansätze fußen dennoch auf einer weitgehend atheoretischen und letztlich auch apolitischen Basis. Sie haben einen Hang zu naivem Technizismus, denn sie unterstellen mechanistische Wirkungsbeziehungen: »Wenn der Reifegrad hoch ist, dann …«; »Wenn die Situation günstig ist, dann …«

In der Realität bestehende Gestaltungsspielräume werden nicht sondiert. Somit besteht die Gefahr, vor der *Macht der Verhältnisse* zu kapitulieren. Möglicherweise kann man die Aufgabenstruktur aber noch klarer verdeutlichen oder die Führer-Geführten-Beziehung sukzessive durch Teambildung oder gemeinsame Rituale verbessern. Gegebenenfalls müssen auch noch weitere Kontextfaktoren beachtet werden, damit intervenierende Faktoren ausgeschaltet werden können. Die *Parallelwirkung unbeachteter Situationsfaktoren* könnte erklären, warum die Korrelationen zwischen situationsgerechtem Führungsstil und Führungserfolg in den meisten Studien erschreckend schwach sind. Möglicherweise existieren systemische Faktoren, die den Vorgesetzteneinfluss konterkarieren.

5.4 Alternativen: Theorie der Führungssubstitution

Bislang waren wir in diesem Buch stillschweigend davon ausgegangen, dass Mitarbeiter hierarchische Führungseinflüsse benötigen, um ihre Arbeit effizient erledigen zu können. Es gehört tatsächlich zur »Ideologie der Personalführung«, zwei Dinge in Wirtschaftsunternehmen für unverzichtbar zu halten: nämlich einen formalen Arbeitsvertrag sowie einen formalen Vorgesetzten. Ohne das scheint es nicht zu gehen. Andernfalls hätte das Unternehmen zum einen kein legitimiertes Direktions- und Disziplinarrecht und zum anderen auch keine Einrichtung, die die erzielten Arbeitsergebnisse auf ihre Menge und Qualität hin kontrollieren könnte.

Diese Auffassung ist aber keineswegs selbstverständlich. Denn wie bereits erwähnt, besitzen Organisationen weitere Interventionsmedien (vgl. Abschnitt 2.3). In diesem Sinne bestehen im System *diverse Steuerungseinflüsse*, die gleichzeitig wirken und sich im Einzelfall sowohl ergänzen als auch stören können. Ihre Aufzählung könnte als Liste der blinden Flecken des Situationsansatzes interpretiert werden.

Substitution der Führung meint folglich

> »die Ersetzung interaktiver Mitarbeiterführung durch indirekte Steuerungsmechanismen, vor allem durch spezifische Aufgaben-, Organisations- sowie Geführtencharakteristika« (Wunderer 2007, S. 314).

Je stärker diese indirekten Führungsmechanismen ausgeprägt sind, umso geringer sind sowohl die Möglichkeit als auch die Notwendigkeit, über einen hierarchischen Vorgesetzten Einfluss zu nehmen. Eine intrinsisch anregende Aufgabe wird die notwendige Motivation des Bearbeiters auch ohne antreibenden Chef erzeugen, ein eingespieltes Team ganz allein ein schnelles und treffsicheres Feedback liefern, klare strukturelle Vorgaben formale Anweisungen eines Chefs ersetzen usw. Substitute sind also letztlich funktionale Äquivalente hierarchisch-personeller Führung (vgl. Kerr u. Mathews 1995, Sp. 1026 ff.; Kerr a. Jermier 1978, S. 378). Im Ideal erstrecken sie sich auf beide Führungsdimensionen – die Mitarbeiterorientierung *und* die Aufgabenorientierung.

Führungssubstitution betrifft in der Regel vor allem ältere und erfahrene Mitarbeiter. Man erinnere sich an Hersey und Blanchard: Langjährige Experten brauchen mitunter keinen Vorgesetzten mehr, der ihnen ihren Job erklärt und meint, sie mit besonderen Karriereaussichten motivieren zu müssen. Diese Leute managen und coachen sich selbst. Auch teamorientierte Arbeitsformen wirken vorgesetztensubstitutiv (vgl. dazu den nächsten Abschnitt).

Charakteristika …	Führen zur Neutralisierung von	
	beziehungsorientierter Führung	aufgabenorientierter Führung
des Mitarbeiters:		
1. Fähigkeit, Erfahrung, Training, Wissen		X
2. Bedarf an Unabhängigkeit	X	X
3. »professionelle« Orientierung	X	X
4. Gleichgültigkeit gegenüber organisationalen Belohnungen	X	X
der Aufgabe:		
5. nicht ambitioniert, routinemäßig		X
6. methodisch invariabel		X
7. liefert eigenes Feedback bezüglich Durchführung		X
8. intrinsisch befriedigend	X	
der Organisation:		
9. Formalisierung (klare Pläne, Ziele, Verantwortung)		X
10. strenge Regeln und Verfahren		X
11. aktiv beratende Stabsfunktionen		X
12. eng verbundene und kohäsive Arbeitsgruppen	X	X
13. organisationale Belohnungen nicht innerhalb des Einflussbereichs des Führenden	X	X
14. räumliche Distanz zwischen Vorgesetzten und Mitarbeitern	X	X

Abb. 7: Substitute der Führung (nach Kerr u. Mathews 1995, Sp. 1033)

Genauso interessant sind die »Neutralisierer« der Führung – diejenigen Faktoren, die den Führungseinfluss eventuell sogar ganz unmöglich machen. Man stelle sich bereits sehr gut platzierte und materiell gesicherte Spitzenmanager vor – womit wären die noch zu belohnen? Oder einen mehrfach vorbestraften Jugendlichen, der vom Arbeitsamt für gemeinnützige Arbeit abkommandiert wurde ... Oder einen respektlosen Schulverweigerer, dem die Tragweite seines Verhaltens nicht klarzumachen ist. Womit sind diese Personen noch zu bedrohen oder zu bestrafen?

6 Abschied von der Hierarchie – Leadership 2.0

6.1 *Führung als Ertüchtigung zum Selbstmanagement*

Immer wieder sollte man sich den fundamentalen Unterschied klarmachen, der mit der Transformation der Industriegesellschaften des 19. und 20. Jahrhunderts hin zu den auf intellektuellen Ressourcen fußenden Wissensökonomien des 21. Jahrhunderts verbunden ist. Der klassische Industriebetrieb arbeitete mit einer bürokratischen Pyramide, die über formale Leitungsbefugnisse und Regeln gesteuert wurde. In solchen Organisationen war das für den Geschäftsbetrieb wesentliche Wissen in einigen wenigen Köpfen in der Unternehmensspitze konzentriert. Je weiter man auf der hierarchischen Linie abwärts kam, umso ungebildeter und uninformierter waren die Mitarbeiter. Kreativität entstand hier – wenn sie überhaupt erwünscht bzw. erforderlich war – dadurch, dass man Ausnahmen von der Regel zuließ oder Arrangements traf, die nicht den üblichen Dienstweg beschritten.

Schleichend und von der Außenwelt kaum wahrnehmbar, hat sich diese Situation nach und nach verändert. Heute stehen die Menschen, die über das wichtige Wissen verfügen, in der Unternehmenshierarchie oft relativ weit unten.

> »In einer Fabrik wissen Vorarbeiter oft mehr als ihre in Hemd und Anzug daherkommenden Chefs. In Büros sind Sekretärinnen und persönliche Assistenten vielfach die Träger des institutionellen Wissens. Und in Krankenhäusern besitzen die Krankenschwestern bekanntermaßen größere Kompetenz in Fragen der Bürokratie als die Ärzte, denen sie zuarbeiten« (Sennett 2005, S. 57).

Sicherte sich die Leitungsebene früher ihre Vormachtstellung vor allem durch den exklusiven Besitz von Informationen – sie gab sie folglich auch nur unwillig und in sehr kleinen Dosen weiter –, so erfordern die Geschäftsmodelle des 21. Jahrhunderts, dass das in einer Organisation verfügbare Know-how möglichst rasch und auf möglichst viele Köpfe verteilt wird. In der Praxis zeigt sich immer wieder, dass Wettbewerbsvorteile nicht so sehr aus dem exklusiven Besitz von Marktinformationen resultieren, sondern eher aus dem möglichst zügigen Transfer dieser Informationen sowie ihrer konsequenten Nutzung im Unternehmen.

Heute ist noch nicht absehbar, wohin uns die alles zermalmende und zugleich hoch schöpferische Hydra Internet noch führen wird. Deutlich ist aber schon länger: Das Internet hat nicht nur eine globalisierende, sondern daneben – für den Kunden ebenso wie für den Arbeitnehmer – auch eine ungeheuer *emanzipatorische Wirkung*. Jedes Organisationsmitglied, das online ist, kann sich nicht nur weltweit gründlich informieren, sondern auch über die Organisationsgrenzen hinaus jedem mitteilen. Und das in Echtzeit.

Für die Führungskräfte bedeutet dies bereits auf den ersten Blick einen erheblichen Machtverlust. Dies ist auch der Grund dafür, warum in den Verschlankungsprojekten der 90er-Jahre insbesondere die Schicht des mittleren Managements ausgedünnt wurde. Denn gerade diese mittlere Hierarchieebene leistet in den meisten Unternehmen die unmittelbare Führungsarbeit und wird in dem Maße verzichtbar, wie Steuerungs- und Motivationsfunktionen auf die operative Basis zurückverlegt werden können. Fällt daraufhin die Führungsfunktion nicht zur Gänze weg, so verschieben sich dadurch doch die Aufgaben der Vorgesetzten. Sie werden eher zu Katalysatoren und Unterstützern ihrer Mitarbeiter (vgl. das Schlusskapitel).

Modernes Führen hat letztlich viel mit *(Selbst-)Ertüchtigung* der Geführten zu tun. Wir brauchen gewöhnliche Menschen, die ungewöhnliche Leistungen vollbringen. So betrachtet besitzen gute Führungskräfte das Talent, andere dazu zu befähigen, ihre Absichten aus eigener Kraft in die Wirklichkeit umzusetzen. Diese Ermächtigungsphilosophie kann man idealtypisch an einem Spitzenorchester betrachten, das im Wechselspiel zwischen Dirigent und Musikern erst die Effizienz und Effektivität der anderen Seite ermöglicht.

Gelegentlich wird von Laien behauptet, die Berliner Philharmoniker oder das Chicago Symphony Orchestra könnten letztlich auch ohne Dirigenten spielen. Dem ist entgegenzuhalten, dass Orchester erst über Jahre hinweg entwickelt und geschult werden müssen, damit sie auf dieses Niveau gelangen. Und zwar sowohl die einzelnen Mitglieder als auch das Orchester als präzis aufeinander eingespieltes Kollektiv insgesamt. Genau das ist die wesentliche Aufgabe des Dirigenten – und nicht die Personalauswahl und auch nicht die Aufspürung unkonzentrierter Geiger. Der Dirigent erläutert natürlich anlässlich eines konkreten Konzerts seine Interpretation der Partitur. Aber 95 % seiner Energie verwendet er – oft schon Jahre vor einem Konzert – darauf, seine Einzelkönner zu entwickeln und ihnen beizubringen, selbstständig aufeinander zu hören. Dieser Entwicklungsprozess ist weder spannungsfrei, noch läuft er von selbst ab.

Wir wollen noch einmal auf eine Überlegung zurückkommen, die schon in Abschnitt 2.2. eingeführt wurde: Die Aufgaben offizieller Leitungskräfte können auch von einer informellen Führungsperson oder einer Gruppe von Personen wahrgenommen werden. Erfahrene Spezialisten coachen sich oder ihre Arbeitsgruppe selbst. Jenseits formeller Hierarchien rücken somit Teams in den Fokus – und mit ihnen das in den 1990er-Jahren etablierte *Konzept der Superleadership* (vgl. Manz a. Sims 1989; Manz u. Sims 1995a). Diese missverständliche Bezeichnung meint nicht, dass es einen zentralen »Superleader« gibt, sondern das genaue Gegenteil: nämlich »jemanden, der andere führt, damit diese führen« (Manz u. Sims 1995b, Sp. 1875).

Im Mittelpunkt steht zunächst die Abgrenzung von Rolle und Aufgaben derjenigen, die selbststeuernde Gruppen führen, im Vergleich zu formell ernannten, externen Führungskräften. Deren oft unklare und bisweilen sogar widersprüchliche Rolle, die sie für selbststeuernde Arbeitsgruppen spielen, ist in der Praxis ein großes Problem. Denn die Einführung teilautonomer Arbeitsgruppen beruht ja ganz wesentlich auf der These, dass das Kollektiv den Ort und Zeitpunkt seines Ressourceneinsatzes wesentlich zielgenauer bestimmen kann als ein von außen bestellter Vorgesetzter, der nicht wirklich Teammitglied ist. Die Gruppe wird die eingesetzten Methoden z. B. selbstständig verbessern und vermag in der Regel auch ein schnelleres Leistungsfeedback zu geben. In selbststeuernden Arbeitsgruppen tendieren die Mitglieder außerdem dazu, ihre Leistung als konstruktiven Beitrag zum Gelingen der Gesamtaufgabe der Gruppe zu sehen und nicht so sehr nur einen bestimmten Teilausschnitt der Aufgabe zu beackern. Dieses Prinzip ist in japanischen Fertigungsteams als *Kaizen* (*Kaizen* = »neuer Weg, Verbesserung«; das Wort setzt sich zusammen aus *Kai* = »Wandel« und *Zen* = »zum Besseren«) zu besichtigen, als kontinuierlicher Verbesserungsprozess auf allen organisatorischen Ebenen (vgl. auch Antoni 2000, S. 57).

Glaubt man der sozialen Lerntheorie, dann werden die Teammitglieder hierdurch kognitive Fortschritte machen und sukzessiv zu selbstregulierenden Prozessen befähigt. Dies ist vor allem in Situationen größerer Unsicherheit und Komplexität wichtig, in denen neuartige Anforderungen bewältigt werden müssen. Beispielhaft ist an unternehmerische Service- oder Innovationsprozesse zu denken. Idealerweise leisten Teams hier eine valide Selbstbeobachtung und modifizieren im Rahmen von Selbstverstärkung, Selbstkritik und Selbstbestrafung auch ihre Leistungsmotivation in Eigenregie (vgl. Manz u. Sims 1995a, S. 43 ff., 1995b, Sp. 1879 ff.).

Die offiziellen Führungskräfte sollen diesen Entwicklungsprozess durch flankierende Maßnahmen unterstützen. Sie fungieren anschließend nur noch als koordinierende Bindeglieder einerseits zwischen den Arbeitsgruppen und andererseits zur Unternehmensführung. Überdies müssen sie sicherstellen, dass die jeweilige Gruppe den Unternehmenszielen verpflichtet bleibt und nicht eigene Ergebnisnormen entwickelt.

Allerdings muss im Einzelfall immer geprüft werden, ob die persönlichen, strukturellen und kulturellen *Voraussetzungen für Selbstorganisation* gegeben sind. Die offizielle Organisationsgestaltung steckt in der Realität unterschiedlich günstige Rahmenbedingungen für Superleadership und Selbstmanagement ab. Bestimmte Unternehmenskulturen bestrafen individuelle Initiative eher. Von nicht wenigen Mitarbeitern wird ein partnerschaftlicher Führungsstil eher als Unsicherheit und Schwäche des Vorgesetzten gedeutet. Und längst nicht jeder, dem die Firma eine lange Leine lässt, kann oder will mit dieser Freiheit auch umgehen. Denn zur Freiheit gehört spiegelbildlich Disziplin – diese wichtige Paralleltugend wird häufig ignoriert. Die entscheidende Frage lautet: »Hast du die Disziplin, die man braucht, um ein freier Geist zu sein?«

Außerdem: Die vorzugsweise propagierte horizontale Kommunikation in Teams oder Netzwerken ist aufwendig und zeitraubend. Top-down-Lösungen sind hingegen bequem – zumindest für den Vorgesetzten und seinen Arbeitgeber. Man beachte: Direktive Vorgaben sparen Zeit, Konsens kostet Zeit. Es kommt also letztlich auf die Balance von Fremd- und Selbststeuerung an. Überlastete Vorgesetzte berufen sich indes gern auf das populäre Subsidiaritätsprinzip, ohne dessen Erfolgsvoraussetzungen in der konkreten Situation zu prüfen. »Laisser-faire« wird unter diesen Umständen zur Gefahr.

6.2 Stärkenorientierung – Emotionen – Flow-Erleben

Wirklich exzellente Arbeitsleistungen können nur dann erzielt werden, wenn Mitarbeiter entsprechend ihren Stärken arbeiten. In den meisten Fällen ist es daher besser, stärkenorientiert zu denken und den Personaleinsatz vor dem Hintergrund der vorhandenen Fähigkeiten vorzunehmen. Obwohl es inneres Bestreben vieler (gerade auch erfolgreicher) Führungskräfte und Mitarbeiter ist, sich zu vervollkommnen und also auch an den eigenen Schwächen zu arbeiten, bringt diese Optimierungsarbeit mit wenigen Ausnahmen kaum wirklichen Fortschritt. An den eigenen Schwächen herumzudoktern macht in der Regel viel Mühe und erbringt meist doch nur einen überschaubaren Effektivitätszuwachs. Echte Vorteile für den Job verschafft man sich dadurch nicht (vgl. auch Malik 2006, S. 248 f.).

Den meisten von uns dürfte dieser Gedanke bereits aus der Schule bekannt vorkommen. Wenn ein Schüler schlecht in Chemie ist, dann kann man ihm Nachhilfeunterricht geben, um seine Leistungen hier auf ein wenigstens ausreichendes Niveau zu heben. Möglicherweise vermeidet dieser Schüler dann, wegen einer ungenügenden Note in Chemie sitzen zu bleiben. Die Wahrscheinlichkeit aber, dass er dieses Fach studieren oder gar später beruflich auf diesem Gebiet wirken wird, ist verschwindend gering.

Interessant ist, dass viele Menschen ihre eigenen Stärken kaum wirklich zuverlässig benennen können; was sie eher erkannt haben, sind hingegen ihre persönlichen Defizite und Limitationen. Insbesondere beim Selbstmanagement ist es daher erforderlich, ein Mindestmaß an *Reflexion und Selbsterkenntnis* zu entwickeln. Ein guter Test zur Erfassung der eigenen Stärken wurde von Buckingham und Clifton (2009) entwickelt. Überdies bieten Coaching- und Supervisionsprojekte in den Unternehmen eine wertvolle Hilfestellung (vgl. hierzu Lippmann 2009; Ebbecke-Nohlen 2009). Speziell der Coachingmarkt wächst in Deutschland seit Jahren. Derzeit geben die Personaler etwa 10 % ihres Jahresbudgets für entsprechende Maßnahmen aus.

Möglichkeiten, sich seine eigenen Stärken bewusst zu machen, bestehen u. a. in der Beantwortung folgender Fragen:

- Warum bin ich eigentlich erfolgreich?
- Was fällt mir besonders leicht?
- Wofür loben mich andere?
- Welcher Arbeit würde ich nachgehen wollen, wenn ich materiell unabhängig wäre?

Nach einer vom Gallup-Institut entwickelten Formel ist eine persönliche *Stärke* – alternativ könnte man auch von einer

Kompetenz sprechen – die *Summe aus Talent, Wissen und Erfahrung*. Zunächst hat jeder Mitarbeiter seine Talente, die ihm entweder von Natur aus gegeben sind oder die er sich im Laufe seiner Entwicklung mehr oder minder mühsam angeeignet hat. Studien im Bereich der Hochbegabung sagen uns, dass die Talentanlage spätestens mit Vollendung des 18. Lebensjahres abgeschlossen ist (vgl. Groth 2010, S. 30). Dieser Umstand kann vor allem neurophysiologisch erklärt werden. Zu Talent müssen jedoch zwei intellektuelle Faktoren hinzukommen: Wissen und Erfahrung. Während Wissen eher artikulierbare Erkenntnisse, also zum Beispiel Fakten oder Theorien beinhaltet *(knowing that)*, erwächst Erfahrung vor allem aus der praktischen Anwendung des Gelernten *(knowing how)*. Man könnte auch sagen: Wissen ist theoretisches, Erfahrung praktisches Können.

Ein Koch wird während seiner Ausbildung das nötige Wissen über verschiedene Lebensmittel und ihre Anbaugebiete erlernen, aber erst durch praktische Erfahrung am Herd wirklich zu einem Spitzenkoch. Am Anfang seiner Ausbildung wird er sich streng an den vorgegebenen Rezepten orientieren. Als Meister seines Fachs weiß er irgendwann, wie und wann bestimmte Rezepte abzuwandeln sind, sodass aus einem lediglich schmackhaften am Ende ein raffiniertes Gericht wird. Er besitzt dann eine Mischung aus motorischem Geschick, Grundkenntnissen der Lebensmittelkunde und Küchentechnik sowie einen Schuss kreativen Mut.

Natürlich ist es in der Praxis nicht immer leicht zu unterscheiden, welche besondere Stärke eines Mitarbeiters auf eine angeborene Begabung zurückzuführen ist und welche eher auf Wissen und/oder Erfahrung basiert. Dies zu erkennen erleichtert jedoch die berufliche Eignungsdiagnostik ebenso wie das Abschätzen sinnvoller Arbeitsfelderweiterungen und die Auswahl geeigneter Weiterbildungsmaßnahmen im Rahmen der Personalentwicklung.

Für Führungskräfte sind diverse Führungshandlungen notwendig, die – weil eher in den Bereich Wissen und Erfahrung gehörend – erlernbar sind: Feedback geben, Zusammenhalt fördern, Informationen weitergeben, Ziele setzen, Arbeitspläne erstellen, Mitarbeitergespräche führen und vieles mehr. Eher in den Bereich der persönlichen Lebenserfahrung (oder vielleicht sogar Weisheit) gehört hingegen das Vermögen von Vorgesetzten, schlummernde Talente zu erkennen oder ein besonderes Gespür zu entwickeln für die »Ansprache« eines Mitarbeiters. Das viel besprochene Konstrukt der *emotionalen Intelligenz* gehört hierher (vgl. Goleman 2008). Dinge wie Empathie, soziale Urteilskraft, Intuition und Glaubwürdigkeit erwerben Führungskräfte nicht in einem zweitägigen Wochenendseminar, sondern nur durch persönliche Erfahrung und Routine.

Der Pygmalion-Effekt

Dass die Erwartungen eines Vorgesetzten unmittelbare Auswirkungen auf das Verhalten der Untergebenen besitzen, ist keine neue Erfahrung, auch nicht in der Geschäftswelt. Hubert Rosenthal von der Harvard University hatte bereits in den 60er-Jahren gezeigt, dass die Erwartungen eines Lehrers bezüglich der intellektuellen Fähigkeiten der Schüler eine wichtige Rolle spielen. Bei einem experimentellen Vorschulprogramm in Boston wurden 1968 die Leistungen von 60 Kindern miteinander verglichen. Ihren Lehrern hatte man vorher zufällig ausgewählte Schüler als »Überflieger« vorgestellt. Andere wurden als unterdurchschnittlich begabt eingeführt. Das Resultat: 30 % der vermeintlichen Überflieger erzielten am Ende des Schuljahres in einem offiziellen Intelligenztest im Schnitt 22 IQ-Punkte mehr. Fast alle hatten mindestens zehn IQ-Punkte mehr. Und auch die Schulnoten waren signifikant besser. Eine Analyse des Unterrichtsverlaufs ergab: Die Lehrer waren den überdurchschnittlichen Schülern gegenüber warmherziger, gaben ein klareres Feedback und schufen ihnen insgesamt mehr Möglichkeiten der Beteiligung am Unterricht. Eine klassische sich selbst erfüllende Prophezeiung.

Auch die Erwartungen eines Vorgesetzten prägen die Leistungen seiner Mitarbeiter. Man spricht auch vom *Pygmalion-*

Effekt (vgl. Livingston 1990). Pygmalion war ein mythischer zyprischer König. Da er ungewollt ohne Frau blieb, schnitzte er sich aus Elfenbein eine ideale Gefährtin. Nachdem er sich in sein Werk verliebt hatte, erfüllte ihm Aphrodite einen Wunsch und erweckte die Angebetete zu wirklichem Leben. Ins Grundsätzliche übertragen, findet sich der Gedanke, einen anderen Menschen nach den eigenen Erwartungen mit den gewünschten Eigenschaften selbst erschaffen zu können, in der gesamten abendländischen Kulturgeschichte. Der irische Dramatiker George Bernard Shaw hat daraus ein Bühnenstück gemacht, das später Grundlage eines der erfolgreichsten Musicals, *My fair lady,* war.

Eliza Doolittle, das Blumenmädchen mit dem rüden Jargon der unteren Klasse, trifft hierin auf den Phonetik-Professor Higgins. Dieser bringt ihr nicht nur feines Benehmen und perfektes Englisch bei, sondern kommt am Ende seiner Bemühungen zu der Erkenntnis: »Sehen Sie, wenn man davon absieht, was jeder sich leicht aneignet – sich hübsch anziehen, richtige Aussprache usw. –, dann besteht der Unterschied zwischen einer Dame und einem Blumenmädchen wahrhaftig nicht in ihrem Benehmen, sondern darin, wie man sich gegen sie benimmt.«

Dass Mitarbeiter umso mehr leisten, je mehr ihre Vorgesetzten von ihnen erwarten, ist natürlich plausibel. Aber diese Logik funktioniert in beide Richtungen: So wie aus hohen Erwartungen – die entsprechende Mindestbegabung natürlich vorausgesetzt – überdurchschnittliche Leistungen werden, so resultieren aus negativen Erwartungen höchstwahrscheinlich auch entsprechend schlechte Arbeitsergebnisse – Motivation und Selbstvertrauen sind dann eben im Keller. Zugleich kommt eine unselige Negativspirale in Gang, denn die schlechten Arbeitsergebnisse bleiben dem Mitarbeiter selbst ja nicht verborgen. Sie scheinen somit sowohl die eigenen Defizite als auch die (anfänglich noch zurückgewiesene) Skepsis des Vorgesetzten zu bestätigen. Man könnte also sagen: Auf die Dauer hat jeder Chef die Mitarbeiter, die er verdient.

Niedrige Erwartungen des Vorgesetzten verletzen auf Dauer die Selbstwertgefühle der Geführten. Man fühlt sich überfordert und nutzlos; das Selbstbild ist durch die negativen Erfahrungen beschädigt (vgl. Menschenbild »X« in Abschn. 3.2). In der Vergangenheit häufig erfolglose Menschen können daher nur über Umwege ihre Selbstachtung bewahren. Als Antwort auf die niedrigen Erwartungen des Managements versuchen sie üblicherweise, ihrem Ego nicht weiter zu schaden. Sie tun dies u. a., indem sie Situationen ausweichen, die sie zu weiteren Misserfolgen führen könnten (z. B. eigene Vorschläge machen, neue Wege beschreiten, andere Herausforderungen suchen).

Optimistische Erfolgssucher hingegen werden durch die hohen Ziele und Erwartungen des Managements weiter angespornt – ihr Selbstvertrauen wächst weiter. Die Führungskräfte haben mit ihren artikulierten Ansprüchen somit einen wichtigen Motivationshebel in der Hand. Sie sollten systematisch eine fordernde Kommunikationsstrategie pflegen. Zugleich sollten Vorgesetzte gerade auch bei schwächeren Mitarbeitern weiterhin stärkenorientiert denken, also Aufgaben und Arbeitsfelder kreieren, die ihre besten Seiten ansprechen. Das verschafft auch Personen mit Defiziten und geknicktem Selbstbild Aussicht auf Bewährung und vermag so verlorenes Selbstvertrauen schrittweise zurückzugewinnen.

Emotionen

Max Frisch wird der Spruch zugeschrieben »Wir haben Arbeitskräfte gerufen, aber es sind Menschen gekommen.« Dass Mitarbeiter nicht nur sachrationale Funktionsträger sind, sondern auch Emotionen haben, wird sowohl von der Volkswirtschaftslehre als auch von der Betriebswirtschaftslehre meistens ignoriert. Beide legen ihren Empfehlungen gern das Bild vom gefühlsbefreiten Menschen zugrunde, dessen Verhalten am Arbeitsplatz allein durch zweckrationale Kalküle gesteuert wird. Begriffe wie Leidenschaft, Mut, Vertrauen, Sympathie oder Furcht tauchen in ihren Modellen nur selten auf. Dies trifft in der Regel auch für die Systemtheorie zu. Wie bei »Pygmalion« gesehen, dürfen die von einem Vorgesetzten ausgelösten Gefühle jedoch nie außer Acht gelassen werden.

Obwohl ein zentrales Arbeitsfeld der Verhaltenswissenschaften, besteht bislang keine Übereinstimmung darüber, was der *Begriff der Emotion* exakt bezeichnet. Mit diesem Sammelbegriff meint man meistens innere Erregungsvorgänge, die eine Person affektiv wertet – also als angenehm oder unangenehm erlebt. In dem Terminus Emotion fließen letztlich *Inhalte* (Trauer, Aufregung, Frustration etc.), *Intensitäten* (stark, schwach) und *Bewertungen* (angenehm, neutral, unangenehm) zusammen (vgl. Nerdinger 2008, S. 117).

Meistens wird eine *Reiz-Gefühls-Verhaltenskette* konzeptionalisiert (vgl. Heckhausen 1989, S. 72 f.; Wegge 2004): Der Reiz der Bedrohung löst z. B. das Gefühl der Furcht aus, welches wiederum jemanden weglaufen lässt. In Unternehmen kann ein unpassender Führungsstil der Reiz sein, der negative Gefühle auslöst und schließlich zu offenem oder verdecktem Widerstand führt. Im Endergebnis verkörpern Emotionen leiblich und seelisch untrennbar verbundene Prozesse. Eine in den letzten Jahren immer stärker thematisierte Emotion ist das berufsbedingte *Stresserleben*, das wir später noch genauer betrachten.

Gute Vorgesetzte können in die sozialen Schweigezonen blicken und kennen die emotionale Seite der Arbeit – sie bildet letztlich die Kehrseite der organisationstheoretisch ansonsten rein sachlich konzipierten Funktionsbezüge. Die Einbeziehung von Emotionen ins systemische Handeln bedeutet einen wichtigen Hebel sowohl zur effektiveren Zielerreichung als auch zur sozialen und psychischen Gesunderhaltung der Mitarbeiter. Positive Emotionen können den Gruppenzusammenhalt stärken sowie die Verbundenheit mit der Arbeitsaufgabe verbessern. Negative Emotionen verschlechtern nicht nur die formalen Arbeitsergebnisse, sondern auch die Arbeitszufriedenheit und am Ende die allgemeine Lebensqualität der Mitarbeiter.

Das berufliche Flow-Erleben

Mit dem zunehmenden Interesse an Emotionen im Arbeitsalltag erlangte auch das Konzept des Fluss-Erlebens (engl. *flow*) Popularität. Der Flow-Zustand ist gekennzeichnet durch das Verschmelzen von Handeln und Bewusstsein: Das Individuum ist derart in seine aktuelle Tätigkeit versenkt, dass es letztlich in einen Zustand der Selbst- und Zeitvergessenheit gerät. Damit einher gehen meistens Gefühle von Hochstimmung, Freude und Erfüllung bzw. das zumindest zeitweise Vergessen von Ängsten oder Sorgen.

Flow-Erleben kann sogar zum »Geheimnis des Glücks« werden (vgl. Csikszentmihalyi 2008, S. 103 ff.). Ein Glückgefühl entsteht, wenn Menschen den Eindruck haben, über ihr Schicksal selbst zu verfügen und im Einklang mit sich und der Welt zu sein. Csikszentmihalyis Untersuchungen zeigen nicht nur den *engen Zusammenhang zwischen Fluss-Erleben und Gesundheit*, sondern auch, wie unverzichtbar entsprechende Erfahrungen für den Menschen sind. Experimente, in denen die Teilnehmer angewiesen wurden, bewusst auf Flow-Effekte zu verzichten, mussten oft bereits nach zwei Tagen abgebrochen werden: Die Versuchspersonen zeigten schon nach kurzer Zeit Symptome wie Konzentrationsstörungen und Kopfschmerz. Bereits 48 Stunden ohne Flow versetzten einige in einen quasidepressiven Zustand.

Flow kann man sowohl am Arbeitsplatz als auch in der Freizeit erreichen. Das Flow-Erlebnis selbst wird vor allem ausgelöst durch anspruchsvolle Tätigkeiten, denen man sich aufgrund seiner besonderen Fähigkeiten und Talente gewachsen zeigt. Flow-typische Aktivitäten sind zudem durch klare Ziele und ein rasches Feedback geprägt. Dass eindeutige Ziele und zügige Rückmeldungen Wegbereiter für eine absolute Flow-Erfahrung sind, verdeutlichen Profitennisspieler, die ganz genau wissen, was sie zu tun haben, um einen wichtigen Punkt zu gewinnen – und sich jederzeit über den aktuellen Spielstand und ihre Aussichten, das Spiel zu gewinnen, im Klaren sind.

Dieses Beispiel weist den Weg zu einem entsprechenden Führungsverhalten; ein guter Vorgesetzter wird sein Handeln danach ausrichten. Er muss dabei wissen: Schwierige, herausfordernde Ziele führen cereteris paribus zu besseren Leistungen als mittlere oder leicht zu erreichende Ziele. Bessere Leistungen sind überdies zu erwarten, wenn Ziele nach der SMART-Formel formuliert sind. Demnach sollten sie *s*pezifisch, *m*essbar, *a*ktiv beeinflussbar, *r*ealistisch und *t*erminiert sein. Dann informieren Ziele nicht mehr nur über Wichtiges, sondern motivieren auch und liefern persönliche Erfolgserlebnisse.

Abbildung 8 zeigt in Form einer Matrix, *wie* sich Flow – in Abgrenzung zu Überforderung und Langeweile – nur in einem bestimmten Korridor der situativen Übereinstimmung von Anforderungen und Fähigkeiten herausbildet.

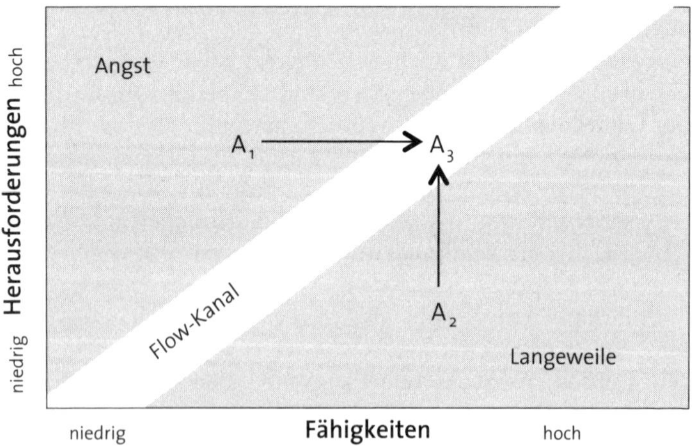

Abb. 8: Der Flow-Korridor (nach Csikszentmihalyi 2008, S. 107)

Flow kann demnach dadurch erreicht bzw. wiederhergestellt werden, dass man sich neue, höhere Herausforderungen sucht (A2 → A3). Ein unterforderter Schachspieler wechselt die Liga und sucht sich nun stärkere Gegner. Eine zweite Möglichkeit besteht darin, seine persönlichen Fähigkeiten zu verbessern (A1 → A3), um auf diese Weise Versagensangst abzubauen oder im Unternehmen höherwertigere Aufgaben übernehmen zu können.

Die Flow-Forschung weist erkennbar Parallelen zum *Konzept der intrinsischen Motivation* auf. Daher ist noch einmal der Unterschied zwischen den Zielen und den Motiven einer Handlung ins Gedächtnis zu rufen. Ziele bewirken eine kognitive Handlungsausrichtung, wohingegen Motive und Grundbedürfnisse die innere Triebfeder darstellen. Gleichzeitig wissen wir aber, dass der Verstand bestenfalls das Ziel einer Handlung formulieren kann, uns aber letztlich nicht dazu bringt, die Handlung auch zu beginnen. Deshalb kommt der Flow nur dann zustande, wenn sich Ziele und Motive einer Handlung entsprechen – also Kopf und Bauch übereinstimmen (vgl. Kehr 2009, S. 147).

Viele Menschen sind am Arbeitsplatz unzufrieden, weil sie ihre expliziten Ziele nicht mit ihren impliziten Motiven in Übereinstimmung gebracht haben. Dass jemand z. B. Karriere machen will oder seine Gehaltssituation verbessern möchte, ist ein häufig genanntes, an sich selbstverständliches Ziel. Ob es einen Menschen aufgrund seiner inneren Verfasstheit *tatsächlich* nach diesen Zielen verlangt, ist eine ganz andere Frage. Man trifft in der Praxis überraschend viele Führungskräfte, die einem sagen: »So hatte ich mir das nicht vorgestellt; früher war es schöner«. »Früher« – das heißt: als ich noch nicht für andere mitdenken musste und mein Arbeitstag durch berechenbare Sacharbeit geprägt war. Da man sich der eigenen Grundmotive aber eben häufig nicht bewusst ist, lohnt es sich, auf sein »Bauchgefühl« zu hören. Entsprechende Signale eignen sich meist sehr gut für die Prognose, ob man eine bestimmte Position erfolgreich bekleiden oder eine bestimmte Aufgabe bewältigen wird. Diese »emotionale« Vorgehensweise hat zugleich den Vorteil, dass die angestrebte Tätigkeit dem Individuum in der Regel ein Minimum an Willensstärke abfordert.

Dennoch soll hier kein naives Bild vom Flow gezeichnet werden. Das Auffallendste an diesem Zustand ist doch die Tatsache, dass Mitarbeiter, Selbstständige, Computerspieler, Opernsänger, Schauspieler oder Popstars Arbeit oft nicht mehr von Freizeit unterscheiden können. Dies zeigt bereits die Gefahr, die diesem an sich positiven Bewusstseinszustand innewohnt. Menschen, für die jedes Zeit- und Belastungsempfinden in ihrer Tätigkeit verloren geht, unterliegen einer besonders hohen Gefährdungsstufe – sie brennen schleichend, aber unbemerkt aus. Gerade diejenigen, die aus ihrer Arbeit ein besonderes Maß an Befriedigung ziehen, neigen zu auszehrenden Rauschzuständen und finden häufig keine gesunde Balance zwischen Anstrengung und Entspannung mehr. (Diese Erfahrung machte u. a. der mexikanische Startenor Rolando Villazón.) Da der Weg von der Langeweile zurück zum Flow häufig darin besteht, seine Anstrengungen zu erhöhen, sind auch zusätzliche Motivations- und Qualifikationstrainings in einem ambivalenten Licht zu sehen. Möglicherweise gelangt man durch diese Trainings weg von der Work-Life-Balance und hin zu einer noch wirksameren Selbstausbeutung.

So faszinierend die Betrachtung des Flussempfindens am Arbeitsplatz ist, so notwendig ist es schließlich auch, den sogenannten *Anti-Flow* zu betrachten. Anti-Flow könnte man vereinfachend auch als Frustration oder Demotivation interpretieren – die Arbeit wird nur noch gelangweilt und mit Widerwillen ausgeführt. In der Regel halten sich Flow und Anti-Flow die Waage. Für Führungskräfte ist es jedoch häufig einfacher, ambitionierte Mitarbeiter zu erkennen, als frustrierte. Demotivierte Mitarbeiter können weder durch Befragung noch durch direkte Beobachtung eindeutig identifiziert werden.

Um dennoch Informationen über chronisch demotivierte Personen zu erhalten, können folgende Fragen als Indikatoren herangezogen werden (vgl. Wunderer 2007, S. 136 f.):

- Besteht die Tendenz zum Konformismus oder auch zur permanenten Opposition?

- Sind die Zukunftseinschätzungen pessimistisch?
- Zeigt sich Passivität bei Eingriffen in den ureigenen Kompetenzbereich?
- Zeigt sich auffälliges Desinteresse an der eigenen Karriere oder an beruflichen Weiterbildungsangeboten?
- Werden wiederholt Leistungsziele verfehlt?
- Nehmen Kundenreklamationen oder Kollegenbeschwerden zu?
- Werden Gerüchte in Umlauf gebracht und Kollegen entmutigt?
- Ist eine erhöhte Zahl an krankheitsbedingten oder sonstigen Fehltagen zu verzeichnen?

6.3 Arbeit und Gesundheit

Tiefe Erfüllung in der beruflichen Tätigkeit zu finden ist wahrlich kein Normalfall, den jede Führungskraft und jeder Arbeitnehmer zu erleben das Glück hat. Vielmehr klagen doch sehr viele über Sinnleere, Überlastung, Zukunftsunsicherheit, innere Auszehrung, Stress. Die Gründe hierfür sind vielfältig: Die anschwellende Informationsflut gehört ebenso dazu wie die wachsende Arbeitsverdichtung, der vielfach globalisierte Geschäftsverkehr ebenso wie die »Segnungen« der modernen Kommunikationstechnologie. Facebook, Twitter und Skype: Immer und überall erreichbar zu sein ist nach wie vor ein Statussymbol – ein Indiz der eigenen Wichtigkeit. Ein Fetisch der Selbstvergewisserung.

Wundert es da, wenn Burn-out-Symptome und »Workaholismus« auf dem Vormarsch sind? Psychosoziale Diagnosen haben die klassischen Arbeitsunfälle inzwischen weit überholt. In Deutschland waren im Jahr 2010 ca. 100 000 Menschen von Burn-out, einem nachhaltigen Erschöpfungszustand, der die Leistungsfähigkeit extrem herabsetzt, betroffen. Obwohl nicht klar definiert und eher einen phasenhaften Prozess beschreibend, feiert der von Herbert Freudenberger in der 1970er Jahren erdachte Begriff derzeit einen ungeheueren Siegeszug (vgl. dazu u. a. Burisch 2010).

Auch der Workaholismus als suchthafte Neigung, die Erwerbsarbeit und ihren Stellenwert für das eigene Leben zu überhöhen, ist auf dem Vormarsch. Er kann im Extrem bis zum Verlust der Selbstkontrolle über das eigene Verhalten führen – einschließlich der damit verbundenen psychischen und körperlichen Begleiterscheinungen.

Wenngleich bestimmte Symptomatiken in der Vergangenheit durchaus unterschiedlich benannt wurden, herrscht doch Einigkeit darüber, dass sich die Zahl der arbeitsbedingten psychischen Erkrankungen seit 1994 in etwa verdoppelt hat. Rund drei Milliarden Euro kosten die Betriebe die hierdurch bedingten Arbeitsausfälle im Jahr, weitere fünf Milliarden sind für Prävention und Gesundheitsschutz aufzuwenden. Dies ist eine konservative Rechnung, die z. B. die einem Burn-out vorausgehenden Produktivitätsrückgänge nicht mitrechnet. Sie zeigt aber, wie sehr (vor allem in den Großunternehmen) das Thema Gesundheitsmanagement in der Prioritätenliste nach oben geklettert ist.

Eine Umfrage von Navo Consulting ermittelte gleichzeitig eine erschreckende Diskrepanz zwischen Realität und Wahrnehmung: Zwar sehen 86 % der Führungskräfte Burn-out als brennendes Thema – jedoch vorwiegend für andere Firmen! Ein Drittel der befragten Manager tabuisiert das Thema sogar. Sie leugnen das Offensichtliche: Die genannten Begleiterscheinungen der Arbeit lösen Stress aus. Unter Stress versteht man einen unangenehmen Spannungszustand, der vor allem dann entsteht, wenn eine subjektiv als bedeutsam angesehene Situation emotional als unkontrollierbar und somit unangenehm oder belastend eingeschätzt wird (vgl. Bamberg 2004, S. 265; Sonnentag a. Frese 2003).

Folgende *Stressoren* können unterschieden werden:

- *physische Stressoren* wie Hitze, Staub, Lärm, Radioaktivität, Arbeitszeiten;

- *kognitive Stressoren* wie die Arbeit unter Zeitdruck, fragmentierte Arbeit, erhöhte Konzentrationsanforderungen oder die Unsicherheit darüber, auf welchem Weg man bestimmte Ergebnisse erzielen kann;
- *soziale Stressoren* als Belastungsfaktoren, die aus der Zusammenarbeit mit anderen Menschen resultieren. Hierzu zählen das Mobbing (oder, von oben herab, auch das Bossing) oder die Arbeit in einem Team mit vielen Einzelgängern oder Drückebergern;
- *emotionale Stressoren*, die unter anderem durch Arbeitsplatzunsicherheit, die erwähnten Rollenkonflikte oder dauernde Verletzungen des psychologischen Vertrags ausgelöst werden.

Personale wie institutionelle Faktoren führen allerdings nur unter bestimmten Bedingungen zu übergebührlichen Belastungen – und diese wiederum führen nur unter bestimmten Umständen zur Erkrankung. Zieht man die vom Coaching-Unternehmen Fürstenberg in Kooperation mit dem Umfrageinstitut Forsa jährlich publizierte Studie hinzu, zeigt sich genauer, wo die Mitarbeiter der Schuh drückt. Die *Studie für 2010* belegt, dass Probleme am Arbeitsplatz die drängendste Quelle persönlicher Sorgen und Beschwerden sind (60 %) – noch vor körperlichen (54 %) und sozialen Problemen (53 %). Die arbeitsplatzbezogenen Probleme resultieren in erster Linie aus einem Übermaß innerbetrieblicher Veränderungen sowie der fehlenden Wertschätzung durch Vorgesetzte, Kollegen oder die eigene Familie. Sind die Mitarbeiter krank, ist also nicht selten die Firma der Patient. Und gerade auch ein *ungeeigneter Führungsstil* hat seinen Platz in der Studie. Ein übermäßiges Misstrauen und/oder fehlender Respekt gegenüber den Mitarbeitern, aber auch intransparente Entscheidungen, eine lückenhafte Informationspolitik sowie unsachliche, bisweilen sogar persönlich ehrverletzende (»übergriffige«) Kritik des Vorgesetzten sind wesentliche Steine des Anstoßes.

Deutlich wird: Gesundheit im Unternehmen hat oft weniger mit Medizin als mit Führung zu tun. Wirklich zu denken geben Studien, die zeigen, dass Führungskräfte nicht selten ihren »Krankenstand mitnehmen« – heißt: Versetzt man sie aus ihrer Abteilung mit vielen Kranken in »gesündere« Abteilungen, dauert es meist nur wenige Monate, bis wieder der alte Stand der Erkrankungen erreicht ist. Diese Erfahrung hat z. B. Volkswagen gemacht.

Resilienz – Gedeihen unter widrigen Arbeitsbedingungen

Die Arbeitswelt war schon immer fordernd. Aber heute bestimmt sie zusehends den Takt des Lebens; die Grenzen zwischen Arbeit und Freizeit verschwimmen. Und sie ist durch Beschleunigung, Verdichtung und Vernetzung fordernder geworden – viele Mitarbeiter und Führungskräfte sehen sich permanent im Stand-by-Modus.

Ein weiteres Problem der modernen Arbeitswelt besteht darin, dass Mitarbeiter immer mehr auf ihre kognitiven Leistungen reduziert werden – Emotionen kommen am Arbeitsplatz oft viel zu kurz. Dazu trägt auch die *Virtualisierung der ökonomischen Prozesse und Endprodukte* bei. Wer versteht schon zur Gänze die unternehmerische Wertschöpfungskette, wer kann mit einem Produkt »warm« werden, das physisch nicht mehr präsent ist, das nicht riecht und schmeckt, nicht mehr »greif-bar« ist? Die intellektuellen Ressourcen, an und mit denen die Wissensgesellschaft eben arbeitet, sind notgedrungen abstrakt.

Darüber hinaus wirkt das Führungspersonal manches Mal wenig glaubwürdig. In der Wahrnehmung der Geführten fehlt vielen von ihnen ein *ethischer Filter* – das Gespür dafür, ob man lieber etwas nicht tun sollte, selbst wenn es gesetzlich erlaubt ist. Nehmen Sie sich selbst: Wie hätten Sie sich als Anlageberater einer Bank gefühlt, die hochgradig riskante Anleihen in Irland im Portfolio hat und einer durchschnittlich solventen Rentnerin diese Produkte verkauft? Und Ihr Vorgesetzter, der Derartiges von Ihnen erwartet – wie wären Sie ihm anschließend gegenübergetreten? Glaubwürdiger oder gar liebenswerter ist er in ihren Augen bestimmt nicht geworden.

Erkrankungsgefahr besteht immer dann, wenn den aus der Arbeitstätigkeit resultierenden *Anforderungen* keine entsprechenden kognitiven, motorischen, sozialen oder emotionalen *Kompetenzen* der jeweiligen Person gegenüberstehen. Individuen können den Belastungen in der Regel diverse Ressourcen entgegensetzen, also z. B. soziale Unterstützung, Handlungsspielräume oder persönliche Kontrollkognitionen aktivieren (vgl. Bamberg 2004, S. 267). Dementsprechend ausgebildet ist bei den meisten Arbeitnehmern und Managern die persönliche Widerstandsfähigkeit oder *Resilienz* (lat. *resilire* = »zurückspringen, abprallen«). Ihre Existenz erklärt, warum manche Menschen großem Druck oder außergewöhnlichen Anspannungen besser standhalten als andere, die sich ähnlichen Bedingungen nicht gewachsen zeigen. Resilient können aber auch Institutionen sein. Sie vermeiden auch unter widrigen Umständen den Zusammenbruch und bleiben handlungsfähig und produktiv (vgl. Ungericht u. Wiesner 2011).

Makrosystemisch beschreibt der Begriff die Toleranz eines Systems gegenüber äußeren Störungen; er ist in dieser Form im Umfeld der interdisziplinären Umweltwissenschaften entwickelt worden. Mikrosystemisch geht es darum, bei Führenden wie Geführten Eigenschaften und Fähigkeiten auszubilden, die sie eintretende Krisen bzw. außerordentliche Belastungen meistern lassen. Ein anschauliches Beispiel für Resilienz ist die Fähigkeit von Stehaufmännchen, sich aus jeder beliebigen Lage wieder aufzurichten. Ähnlich können ökonomische Systeme nach einer Störung – z. B. einer Weltfinanzkrise oder einer in letzter Minute abgewendeten Insolvenz – durch Resilienz wieder zum Ausgangszustand zurückkehren.

Die Resilienzforschung steckt noch in den Anfängen; es dominieren daher Einzelfälle und subjektive Erfahrungen. Gleichwohl wird das Phänomen der Resilienz heute in sehr vielen Bereichen untersucht und eingesetzt: in der Paartherapie, in der Kinderpsychologie, der Medizin und der Gerontologie. Je nach Arbeitskontext werden unterschiedliche Aspekte betont. Im Führungszusammenhang ergeben sich eine Fülle von Themen und Empfehlungen, auf die hier nicht im Detail eingegangen werden kann. Ein wichtiger Punkt ist naturgemäß die Art und Weise, wie ein Mensch auf Rückschläge reagiert. Rückschläge sind auch in scheinbar steilen Karrieren keine Seltenheit. Wichtig ist, sie nicht reflexartig persönlich oder gar in der Opferrolle zu nehmen, sondern sie als Lernquelle zu begreifen und dadurch am Ende Negatives in Positives zu wenden (vgl. auch Burmeister u. Steinhilper 2011). »Dir war das Unglück eine strenge Schule«, schreibt Friedrich Schiller in seinem Drama *Maria Stuart*.

Daneben sind Seminare zum Umgang mit Belastungssituationen sowie der Aufbau externer Ressourcen, die Lebensfreude zurückgeben, sinnvoll.

Einen ebenso großen Einfluss auf die Gesunderhaltung des Personals hat die Schulung der Führungskräfte: Es ist vielfach erwiesen, dass ein unterstützender, anerkennender Führungsstil das Depressions- und Burn-out-Risiko vermindert und arbeitsbedingte Fehlzeiten reduziert. Wie wichtig Anerkennung für den Menschen ist, zeigt eine Studie aus den weltberühmten Hügeln von Hollywood. In biografischen Langzeitstudien zeigte sich, dass Oscar-Preisträger im Vergleich zu Schauspielern im selben Film, die den Oscar nicht gewonnen haben, im Durchschnitt vier Jahre länger leben (vgl. Redelheimer a. Singh 2001, p. 6). Das ist zum einen durch die außerordentliche Wertschätzung zu erklären, die die so Ausgezeichneten gerade in einer Branche erfahren, in der Spitzenleistung und Normalleistung kaum anhand klarer Kriterien voneinander zu unterscheiden sind. Zum anderen trägt der gigantische Statuszuwachs des Oscar-Preisträgers natürlich dazu bei, dass dieser sich vermutlich keine existenziellen Sorgen um seine Zukunft mehr zu machen braucht; er hat vielmehr beruflich wie materiell ausgesorgt. Darüber hinaus kann er sich in Zukunft ein

Arbeitsumfeld wählen, das seinen Bedürfnissen gemäß ist, also seine Filmprojekte z.B. nach deren Qualität auswählen oder auch nach dem Umfang, in dem umgängliche Kollegen oder einfühlsame Regisseure mitwirken. Fehlende Existenzsorgen und ein stressfreies Arbeitsumfeld sind also nicht nur Gold, sondern echte Lebenszeit wert.

Im anderen Fall, also wenn diese luxuriöse Situation nicht vorliegt, sollten Vorgesetzte die Versagensängste ihrer Mitarbeiter akzeptieren und enttabuisieren.

Rückschläge und Enttäuschungen gehören letztlich zum Leben und können die Bewältigungskapazitäten eines Menschen mit der Zeit sogar verbessern. Verwandt ist Resilienz insofern mit den Konzepten des Coping sowie der Salutogenese.

Salutogenese – gesundheitsbewusste Führung

Gegenwärtig sind es die psychischen Erkrankungen, die in rund 30 % der Fälle zu einem vorzeitigen Ausscheiden aus dem Erwerbsleben führen. Die eigenen Ressourcen reichen in diesem Fall nicht dafür aus, einer Bedrohung oder Anforderung am Arbeitsplatz gerecht zu werden – sei es, dass jemand ein überaus wichtiges Projekt überantwortet bekommt, sei es, dass ein schwieriger Großkunde abzuspringen droht, sei es, dass eine größere Reorganisation ins Haus steht und der Vorgesetzte die damit verbundenen Unsicherheiten ignoriert. Immer öfter fehlen vor allem den Mitarbeitern »in den besten Jahren« die Fähigkeiten oder der Wille zum Widerstand.

Personen mit Führungsverantwortung leiden unter dem Dilemma, dass die herkömmlichen Leistungserwartungen an sie geblieben sind und sich gleichzeitig das beruflich geforderte Tätigkeitsspektrum erweitert hat. Unumstritten und vielfach belegt sind die engsten Verbindungen, die zwischen den Arbeitsbedingungen und der körperlichen wie geistigen Gesundheit des Personals bestehen. Je geringer die qualitative wie quantitative Über- und Unterforderung am Arbeitsplatz ist, umso seltener treten Fehlbeanspruchungen auf (vgl. Riechert 2011, S. 10 ff.).

Allerdings wird in Medizin wie Psychotherapie die eindeutige Trennung von Krankheit und Gesundheit immer häufiger in Zweifel gezogen (vgl. auf unterhaltsame Weise Lütz 2009). Dies zeigt sich auch am Stress-Konzept, das insofern rehabilitiert wird, als seine potenzielle Mobilisierungskraft für den Körper anerkannt ist. So wird längst zwischen dem für das Individuum förderlichen *Eustress* und dem eher schädlichen *Disstress* unterschieden. In der Perspektive der Salutogenese wird die dichotome Klassifizierung von Menschen als gesund oder krank aufgegeben und sich insgesamt stärker auf die Frage konzentriert, welche Faktoren dafür verantwortlich sind, dass Menschen zu dem einen oder zu dem anderen Pol wandern.

Angesprochen ist damit auch ein Zweig der sogenannten *positiven Psychologie* (vgl. Seligman 2003; Seligman a. Csikszentmihalyi 2000). Dieser Zweig ist nicht krankheits- bzw. symptombezogen, sondern fragt eher konstruktiv danach, was aktiv dafür getan werden kann, die Gesundheit zu erhalten. Dazu werden Überlegungen aus der Arbeitszufriedenheits-Forschung, zum Gerechtigkeitsempfinden oder auch zur intrinsischen Motivation reaktiviert. Federführend hierbei ist – neben Martin Seligman von der Universität Pennsylvania – nicht zufällig der Kollege, der auch die Flow-Forschung initiierte. Ziel ist es letztlich, Grundlagen eines Führungs- und Organisationsstils zu entwickeln, durch den die psychologischen Fähigkeiten des Individuums, positiv zu denken und sich den eigenen Neigungen entsprechend zu entwickeln, gestärkt werden. Zentrale Ansatzpunkte kreisen um Begriffe wie Hoffnung, Optimismus, Kreativität und Vertrauen, die durch die systemische Innenwelt natürlich stark beeinflussbar sind.

Das hiermit eng verwandte Konzept der Salutogenese wurde in den 1980er-Jahren von dem Medizinsoziologen Aaron Antonovsky (zuletzt 1997) entwickelt, jedoch erst seit Kurzem wirklich beachtet. Die Salutogenese geht letztlich von einer ständigen Interaktion zwischen Risikofaktoren und Widerstandsressourcen des Körpers aus: Je nach Einwirkungsart und

Einwirkungsgrad der Risikofaktoren sowie der jeweiligen Anpassungsfähigkeit des Individuums bestimmt sich die Position auf dem Kontinuum zwischen Krankheit und Gesundheit (vgl. ebd., S. 25). Diese Position verschiebt sich möglicherweise mit zunehmendem Alter.

Hilfreiche Fragestellungen auf dem Weg zu einer gesundheitserhaltenden Organisation wären vor allem:

- Verfüge ich über die Materialien und Arbeitsmittel, um meine Arbeit richtig zu machen?
- Habe ich bei der Arbeit die Gelegenheit, das zu tun, was ich am besten kann?
- Ist mein Arbeitsplatz sicher, sind die Arbeitszeiten erträglich?
- Habe ich in der letzten Zeit für gute Arbeit Anerkennung und Lob bekommen?
- Gibt es im Unternehmen jemanden, der mir beisteht und mich in meiner Entwicklung unterstützt?
- Sind auch meine Kollegen bestrebt, Arbeit von hoher Qualität zu leisten?
- Hatte ich während des letzten Jahres die Gelegenheit, Neues zu lernen und mich weiterzuentwickeln? Hat jemand in der Firma mit mir über meine Fortschritte gesprochen?

Erfolgreiche Führende zeichnen sich letzten Endes durch ihren *emotional erweiterten Horizont* aus. Sie sollten nicht nur die Teile betrachten, über die alle reden – wie zum Beispiel die Unternehmenspolitik oder interne Prozesse –, sondern obendrein in der Lage sein, einen Blick für das tief im Menschen Verborgene zu entwickeln. Das systemische Denken verpflichtet uns immer wieder, nicht nur das scheinbar Augenfällige zu beachten, sondern auch den Subtext des zwischenmenschlichen Miteinanders.

7 Resümee und Ausblick

In der einleitenden Positionsbestimmung wurden zwei scheinbar widersprüchliche Sachverhalte angesprochen. Erstens: Unternehmen sind Zwecksysteme, die Ziele erreichen müssen. Dazu bedarf es einer verhaltenssteuernden Anleitung. Gleichzeitig gilt zweitens aber auch: Führungswahrnehmung und Führungserfolg sind in erster Linie soziale Konstruktionen. Zwischen diesen beiden Polen spannt sich der Horizont. Das Dilemma unserer Themenstellung ist insofern klar:

> »Der Begriff systemische Führung ist ein Hybridbegriff, der zwei entgegengesetzte Elemente in sich vereinigt: Zu *System* wird im Allgemeinen Ganzheitlichkeit und Selbstorganisation oder gar Autopoiese […] assoziiert, zu *Führung* dagegen individuelle Einwirkung und Fremdbestimmung« (Neuberger 2002, S. 597; Hervorh. im Orig.).

Die wesentlichen Kennzeichen der Moderne heißen Komplexität und Kontingenz. Wachsende Verflechtungen und zunehmende Dynamik erzeugen Ambiguität. Noch selten zuvor in der Geschichte gab es von Gesellschaften im Großen wie Unternehmen bzw. Organisationsmitgliedern im Kleinen ein derartiges Maß an Unsicherheit zu bewältigen wie heute. Im Wirtschaftskontext sind Indizien dafür: volatile Märkte, immer schneller wechselnde Kundenbedürfnisse, neue Technologien, die Zunahme atypischer Beschäftigungsverhältnisse, häufige Jobwechsel sowie das Feuerwerk der betrieblichen, politischen und gesellschaftlichen Dauerreformen. Die damit einhergehende Unsicherheit will erst einmal verarbeitet sein!

Dabei ist unübersehbar, dass sich die Wahrnehmung von Führungskräften sowohl der Politik als auch der Wirtschaft über die Jahre stark gewandelt hat. Sprach man in den 50er-

Jahren noch ehrfurchtsvoll über Kanzler wie Adenauer oder Erhard, klangen Titel wie Generaldirektor oder Prokurist noch schwer Respekt einflößend, so hat sich dies inzwischen radikal verändert: In den Rankings der am wenigsten angesehenen Berufe rangieren Politiker und Manager regelmäßig auf den letzten Plätzen.

Stellvertretend sehe man sich die Bücher von Günter Ogger an, einem der führenden deutschen Wirtschaftsjournalisten. Seinen Durchbruch hatte der ehemalige Redakteur der Zeitschrift *Capital* 1992 mit dem Buch *Nieten in Nadelstreifen.* In dasselbe Horn stieß der bekannte Parteienforscher und ehemalige Direktor der Kölner Gesellschaft für Sozialforschung, Erwin Scheuch, mit seiner damals viel beachteten Schrift *Deutsche Pleiten. Manager im Größenwahn* (das Buch erschien 2001). Hier wurde offenkundig Wirklichkeit dekonstruiert, wurden Denkmäler gestürzt. Nur: Dem Denkmalsturz geht logischerweise der Personenkult voraus. Wer aber hat ihn inszeniert? Die Manager? Die Mitarbeiter? Die Medien? Was ist schiefgelaufen?

Diese Frage ist Gegenstand einer gerade erst aufkommenden Diskussion in der Personalforschung. Sie wird in der Fachliteratur bezeichnenderweise unter dem Namen *Bad Leadership* geführt (für einen Überblick Schyns a. Hansbrough 2010). Dabei spielen führungsethische Aspekte eine wichtige Rolle ebenso wie destruktive Traits, verletzendes Verhalten und Korruption von Vorgesetzten. Anders gesagt: Es geht um die dunkle Seite der Führungspraxis. Leader können eben auch ethisch fragwürdige oder kaum zu rechtfertigende Mittel einsetzen, um an sich positive Resultate zu erzielen (Ma et al. 2004, p. 40; Price 2003).

Wie erwähnt, sind charismatische Führungsbeziehungen für einen solch ethikfreien Führungszugriff besonders anfällig. Vermutlich ist auch diese Kalamität Ausdruck eines ungeeigneten Menschenbilds. Der vielfach immer noch übliche Macher-Mythos jedenfalls …

»stilisiert Führungskräfte zu Sozialingenieuren, die ihre Unterstellten als Maschinen oder Objekte betrachten, für deren reibungsloses Funktionieren sie verantwortlich sind« (Neuberger 2002, S. 612).

Angesichts der in Kapitel 2 beschriebenen Austauschkontingenzen macht man sich als Manager damit jedoch sein Leben selbst schwer. Und das der Gefolgsleute natürlich auch. Menschen sind keine Reiz-Reaktions-Maschinen. Ohne radikal überdachtes Führungsverständnis wird das Postulat des mitdenkenden Untergebenen zur Floskel, die an der Wirklichkeit abprallt.

Schließlich sind in der Wissensökonomie jene menschlichen Talente besonders wertvoll, die besonders schlecht zu managen bzw. direkt anzuleiten sind. Die vorhandenen Führungsinstrumente können Mitarbeiter zu Kooperation und Sorgfalt nötigen, sind aber in aller Regel ungeeignet, ein besonderes Engagement bzw. wirkliche Kreativität zu wecken. Werbeagenturen, Theaterregisseure oder Universitäten wissen aber nur zu gut, dass man häufig mehr aus seinen Mitarbeitern herausholt, wenn man sie nicht stärker, sondern ganz im Gegenteil weniger »führt«. In der Kreativitätswirtschaft des 21. Jahrhunderts jedenfalls hat kaum ein Unternehmen einen Wettbewerbsvorteil dadurch, dass seine Mitarbeiter die Regeln einhalten.

Peter Drucker hat prophezeit, dass typische Großunternehmen eher Sinfonieorchestern als Produktionsbetrieben ähneln werden. Diese Solisten und Einzelkönner müssen durch die starke Hand eines Dirigenten zusammengehalten und auf eine vorgeschriebene Partitur verpflichtet werden. Dabei ist – wie im Orchester – der Leistungsbeitrag des Einzelnen nicht mehr über den Prozess der Leistungserstellung zu erkennen, also etwa über die Beobachtung seines Arbeitsverhaltens, sondern letztlich nur noch über das Arbeitsergebnis. Ein kreativer Kopf kann in zwei Stunden produktiver sein als ein uninspirierter in einer Woche.

Dementsprechend müssen die Vorgesetzten lernen, dass sie nicht alles kontrollieren, nicht alles vorgeben können. Statt restriktive Vorschriften zu erlassen, ist es ratsam, die zu erreichenden Ziele in den Mittelpunkt zu rücken. Ein wesentliches Erfolgsrezept erfolgreicher Manager ist ihre Auffassung, dass Leadership die Mitarbeiter nicht antreibt, sondern mit sich zieht. *Vorgesetzte sollten nicht schieben, sondern ziehen.* Ein derartiges Führungsverständnis nimmt die Geführten mit, setzt auf ihre ureigenen Talente und erfüllt sie mit eigener Verantwortung. Positive und negative Sanktionsmacht treten als Machtressourcen hinter Identifikations- und Expertenmacht zurück. Untergebene folgen, wenn der Leader eine natürliche Autorität besitzt, die sich aus Fachwissen und charakterlicher Vertrauenswürdigkeit speist.

Damit wird die *Persönlichkeit eines Managers* zum wohl entscheidenden Parameter. Fach- und Methodenwissen ist erlernbar – die Entwicklung zum vorbildlichen Führungscharakter ist es nicht. Vorgesetzteneigenschaften sind zum Teil objektivierbar, zum Teil aber eben auch konstruiert. Letztlich entscheiden die Geführten, ob ihr Chef intelligent wirkt oder eher schlau. Gebildet oder nur informiert. Interessiert oder neugierig. Ehrgeizig oder karrieregeil.

Nicht zu unterschätzen ist ferner die Tatsache, wie sehr das Internet als gnadenloser Statusvernichter wirkt – jedenfalls so lange, als der Status eines Organisationsmitglieds auf seiner hierarchischen Position beruht. Dazu der Gewerkschafts-Vordenker Ulrich Klotz (2009, S. 146):

> »Bürokratische Hierarchien, die auf Angst und Einschüchterung basieren und in denen sich formale Autorität vor allem in Statussymbolen und Titeln manifestiert, rufen heute bei den ›Net-Kids‹ nur noch Kopfschütteln hervor. Ob sich jemand ›XY-Leiter‹ nennt oder ein größeres Büro hat, interessiert im Internet niemanden. Dort zählt nur die Brillanz von Ideen und die tatsächliche Leistung.«

Die gewohnte organisatorische Dreiteilung – oben die Würdenträger, in der Mitte die Bedenkenträger und unten die Lastenträger – verschwindet vor diesem Hintergrund zusehends.

Sie wird ersetzt durch Projektarbeit und Eigenverantwortung. Das Zeitalter der *Expertokratie* ist längst Realität. Macht und Autorität verschieben sich von der hierarchischen zur intellektuellen Elite. Auf diese Weise erhält das System »mehrere Gehirne«, und es wird dem *Varietätsgesetz* des Systemkybernetikers Ashby (1960) Rechnung getragen, der forderte, dass die Vielfalt eines offenen Systems mindestens so groß sein müsse wie die Komplexität der jeweiligen Systemumwelt. Oder, kürzer: »Only variety can absorb variety.«

Organisatorische Führungs- und Gestaltungsakte bleiben dann nicht allein den Managern überlassen, sondern sind Recht und Pflicht eines jeden Organisationsmitglieds. Das bedeutet in letzter Konsequenz: Eindeutige, d. h. situativ indifferente Über- und Unterordnungsbeziehungen kann es in modernen Unternehmen nicht länger geben. *Die bisherige Rollenhierarchie wird von der überlegenen Wissenshierarchie abgelöst.* Formale Entscheidungsrechte irren so lange durch ein Unternehmen, bis sie auf den besten Problemlöser treffen. Die Entscheidungen wandern zur Expertise, Fragen suchen sich ihren jeweiligen Experten. Die Voraussetzung dafür: Die Unternehmensspitze fokussiert nicht alle wichtigen Aktionen auf sich – und die Fachleute stellen Lösungskompetenz vor Statusgewinn und persönlichen Machterhalt. »Ichlinge« wird die Organisation der Zukunft deshalb immer weniger dulden (vgl. von der Oelsnitz 2011, S. 257).

Das *Selbstverständnis* des Vorgesetzten wandelt sich entsprechend. Er führt nicht mehr durch ein engmaschiges Kontrollsystem, das die Möglichkeiten der Mitarbeiter für Fehler begrenzt. Aber er gehört auch nicht auf den »Dinosaurier-Friedhof«, wie manche Autoren gern wie ein Mantra herunterbeten (z. B. Manz u. Sims 1995a, S. 184). Gebraucht wird die Führungskraft zukünftig vor allem als Mentor und Informationsmakler. Sie muss nützliche Informationen bereitstellen und bei Bedarf das gesamte Organisationswissen mobilisieren können. Der »flexible Mensch« identifiziert sich heute mit seiner Aufgabe, weniger mit seiner Firma. Die ihm vom

»neuen Kapitalismus« (Sennett) abgeforderte mentale Mobilität lässt ihn jedes tiefere emotionale Engagement skeptisch beäugen. Gefühle der inneren Verpflichtung und Loyalität verblassen.

Dem entspricht die Beobachtung, dass speziell die Hochqualifizierten in der Regel eine gewisse emotionale Distanz gegenüber ihrem Arbeitgeber wahren und sich nur ungern vereinnahmen lassen. Peter Drucker (1982) bringt auch diese Metamorphose wieder auf den Punkt. Er schrieb bereits vor 30 Jahren:

> »Wissensarbeiter sehen sich selbst als Gleichberechtigte gegenüber ihren Auftraggebern oder Arbeitgebern. Sie fühlen sich nicht als Angestellte, sondern als ›Professionals‹. [...] Die Wissensgesellschaft ist keine Gesellschaft von Bossen und Befehlsempfängern mehr, sondern von Juniors und Seniors.«

Die Führungskraft des 21. Jahrhunderts kümmert sich in erster Linie um die Rahmenbedingungen der Arbeit und gestaltet sie so, dass persönliches Lernen angeregt und erleichtert wird. Sie arbeitet überdies noch stärker an der internen Koordination, denn die Wissensorganisation benötigt mehr Kommunikation und mehr Vernetzung als der maschinenorientierte Industriebetrieb. Dabei helfen die neuen Kommunikations-Tools erheblich. Ob diese Tools produktivitätssteigernd wirken, ist am Ende weniger eine technische als eine mentale Frage. Radikal verkürzt, könnte man die Situation vieler Unternehmen heute so zusammenfassen: Zu viel Hierarchie – zu wenig Gemeinschaft! Zu viel Anreiz – zu wenig Sinn! Zu viel Kontrolle – zu wenig Vertrauen! Zu viel Intervention – zu wenig Freiheit!

Letztlich bleibt Führung das wohl am intensivsten untersuchte und gleichzeitig am wenigsten verstandene Thema der Managementforschung. Dieses Buch hatte von daher nicht das Ziel, die Wahrheit über Führung im Allgemeinen und Mitarbeiterführung im Besonderen zu ergründen. Zumal es eine solche Wahrheit vermutlich nicht gibt – der Stein der Weisen ist auch hier noch nicht gefunden worden. Dessen ungeachtet existieren in diesem mittlerweile sehr lebendigen und paradigmatisch ausdifferenzierten Feld viele Einzelerkenntnisse, die sich oftmals erstaunlich bruchlos zusammenfügen lassen. Wenn man denn bereit ist, systemisch, also transdisziplinär zu denken.

Literatur

Alderfer, C. (1972): Existance, relatedness, and growth. Human needs in organizational settings. New York (Free Press).

Allport, G. W. (1959): Persönlichkeit – Struktur, Entwicklung und Erfassung der menschlichen Eigenart. Meisenheim (Anton Hain), 2. Aufl.

Antoni, C. (2000): Teamarbeit gestalten. Weinheim/Basel (Beltz).

Antonovsky, A. (1997): Salutogenese. Zur Entmystifizierung von Gesundheit. Tübingen (Deutsche Gesellschaft für Verhaltenstherapie).

Ashby, W. R. (1960): The origin of adaptive behavior. London (Chapman and Hall), 2nd ed.

Avolio, B. J. a. B. M. Bass (1988): Transformational leadership, charisma, and beyond. In: J. G. Hunt et al. (eds.): Emerging leadership vistas. Toronto (Lexington Books), pp. 29–49.

Baecker, D. (1999): Organisation als System, Frankfurt a. M. (Suhrkamp).

Bamberg, E. (2004): Stress bei der Arbeit und Maßnahmen der Stressreduktion: Aktuelle Konzepte und Forschungsergebnisse. *Zeitschrift für Arbeitsforschung, Arbeitsgestaltung und Arbeitspolitik* 13 (3): 264–277.

Bass, B. M. (1986): Charisma entwickeln und zielführend einsetzen. Landsberg am Lech (Moderne Industrie).

Bass, B. M. (1990): From transactional to transformational leadership: Learning to share the vision. *Organizational Dynamics* 18 (3): 19–31.

Berger, P. u. T. Luckmann (2009): Die gesellschaftliche Konstruktion der Wirklichkeit. Frankfurt a. M. (Fischer), 23. Aufl.

Buckingham, M. u. D. Clifton (2009): Entdecken Sie Ihre Stärken jetzt! Das Gallup-Prinzip für individuelle Entwicklung und erfolgreiche Führung. Frankfurt a. M./New York (Campus).

Burisch, M. (2010): Das Burnout-Syndrom. Berlin/Heidelberg (Springer), 4. Aufl.

Burmeister, L. u. L. Steinhilper (2011): Gescheiter scheitern. Heidelberg (Carl-Auer).

Csikszentmihalyi, M. (2008): Flow. Das Geheimnis des Glücks. Stuttgart (Klett-Cotta), 14. Aufl.

Dammann, G. (2007): Narzissten, Egomanen, Psychopathen in der Führungsetage. Bern (Haupt).

Deci, E. (1975): Intrinsic motivation. New York (Plenum).

Drucker, P. (1982): The changing world of the executive. New York (Time Books).

Ebbecke-Nohlen, A. (2009): Einführung in die systemische Supervision. Heidelberg (Carl-Auer).

Frey, B. (1997): Markt und Motivation. Wie Preise die (Arbeits-)Moral verdrängen. München (Vahlen).

Goleman, D. (2008): EQ2. Der Erfolgsquotient. München (DTV).

Groth, A. (2010): Führungsstark in alle Richtungen. 360-Grad-Leadership für das mittlere Management. Frankfurt a. M./New York (Campus).

Heckhausen, H. (1989): Motivation und Handeln. Berlin (Springer), 2. Aufl.

Hersey, P., K. Blanchard a. D. Johnson (2001): Management of organizational behavior. Leading human resources. Upper Saddle River (Prentice-Hall), 8. ed.

House, R. J. u. B. Shamir (1995): Führungstheorien – Charismatische Führung. In: A. Kieser et al. (Hrsg.): Handwörterbuch der Führung. Stuttgart (Schäffer-Poeschel), 2. Aufl., Sp. 882–890.

Howell, J. M. (1988): Two faces of charisma: Socialized and personalized leadership in organizations. In: J. Conger a. R. Kanungo (eds.): Charismatic leadership. San Francisco/Oxford (Sage), pp. 213–236.

Huf, S. (2011): Personalmanagement als Erwartungsmanagement: Der psychologische Vertrag. *Personalführung* 43 (3): 28–35.

Jensen, S. (1999): Erkenntnis – Konstruktivismus – Systemtheorie. Opladen (Westdeutscher Verlag).

Kehr, H. (2009): Authentisches Selbstmanagement. Weinheim/Basel (Beltz).

Kerr, S. a. J. M. Jermier (1978): Substitutes for leadership: Their meaning and measurement. *Organizational Behaviour and Human Performance* 22: 375–403.

Kerr, S. u. C. S. Mathews (1995): Führungstheorien – Theorie der Führungssubstitution. In: A. Kieser et al. (Hrsg.): Handwörterbuch der Führung. Stuttgart (Schäffer-Poeschel), 2. Aufl., Sp. 1021–1034.

Kets de Vries, M. (2009): Führer, Narren und Hochstapler: Die Psychologie der Führung. Stuttgart (Klett-Cotta), 2. Aufl.

Kirsch, W. (1992): Kommunikatives Handeln, Autopoiese, Rationalität. Sondierungen zu einer evolutionären Führungslehre. München (Barbara Kirsch).

Klotz, U. (2009): Soziale Netzwerker – Die Zukunft der Arbeit. In: R. Caspary (Hrsg.): Zukunft jetzt! Stuttgart (Herder), S. 137–156.

Lewin, K., R. Lipitt a. R. White (1939): Patterns of aggressive behavior in experimentally created »social climates«. *Journal of Social Psychology* 10: 271–299.

Lippmann, E. (2009): Coaching – Angewandte Psychologie für die Beratungspraxis. Heidelberg (Springer), 2. Aufl.

Livingston, J. S. (1990): Motivation – Pygmalions Gesetz. *Harvard Business Manager* 12 (1): 90–99.

Luhmann, N. (1968): Zweck – Herrschaft – System. Grundbegriffe und Prämissen Max Webers. In: R. Mayntz (Hrsg.): Bürokratische Organisation. Köln/Berlin (Kiepenheuer und Witsch), S. 36–55.

Luhmann, N. (1995): Funktionen und Folgen formaler Organisation. Berlin (Duncker & Humblot), 4. Aufl.

Luhmann, N. (2011): Organisation und Entscheidung. Opladen (Westdeutscher Verlag), 3. Aufl.

Lütz, M. (2009): Irre! Wir behandeln die Falschen. Gütersloh/München (Gütersloher Verlagshaus), 11. Aufl.

Ma, H., R. Karri a. K. Chittipeddi (2004): The paradox of managerial tyranny. *Business Horizons* 47 (4): 33–40.

Maccoby, M. (2000): Narzisstische Unternehmensführer im Kommen. *Harvard Business Manager* 22: 14–22.

Malik, F. (2002): Braucht man ein Menschenbild im Management? *Manager-Magazin online*, 22. Mai 2002. Verfügbar unter http://www.manager-magazin.de/unternehmen/karriere/0,2828,197098,00.html [20.1.2012].

Malik, F. (2006): Führen, leisten, leben. Frankfurt a. M. (Campus).

Manz, C. a. H. Sims (1989): SuperLeadership. Leading others to lead themselves. New York (Prentice-Hall). Manz, C. u. H. Sims (1995a): Unternehmen ohne Bosse. Wiesbaden (Gabler).

Manz, C. u. H. Sims (1995b): Führung in selbststeuernden Gruppen. In: A. Kieser et al. (Hrsg.): Handwörterbuch der Führung. Stuttgart (Schäffer-Poeschel), 2. Aufl., Sp. 1873–1894.

March, J. u. H. Simon (1976): Organisation und Individuum. Menschliches Verhalten in Organisationen. Wiesbaden (Gabler).

Maslow, A. (1977): Motivation und Persönlichkeit. Olten (Walter).

McClelland, D. C. (1987): Human motivation. Cambridge (Cambridge University Press).

McClelland, D. C. a. D. H. Burnham (2003): Power is the great motivator. *Harvard Business Review* 81: 117–126.

McGregor, D. (1960): The human side of enterprise. New York (McGraw-Hill). [Dt. (1970): Der Mensch im Unternehmen. Düsseldorf (Econ).]

Meindl, J. R., S. Ehrlicha. J. Dukerich (1985): The romance of leadership. *Administrative Science Quarterly* 30: 78–102.

Münk, K. (2006): Und morgen bringe ich ihn um! Als Chefsekretärin im Top-Management. Frankfurt a. M. (Eichborn).

Nadler, D. A. a. M. Tushman (1990): Beyond charismatic leaders: Leadership and organizational change. *California Management Review* 32 (4): 77–97.

Nerdinger, F. (2008): Grundlagen des Verhaltens in Organisationen. Stuttgart (Kohlhammer), 2. Aufl.

Neuberger, O. (2002): Führen und führen lassen. Ansätze, Ergebnisse und Kritik der Führungsforschung. Stuttgart (Lucius), 6. Aufl.

Oelsnitz, D. von der (1995): Individuelle Selbststeuerung – Der Königsweg »moderner« Unternehmensführung? *Die Betriebswirtschaft* 55 (6): 707–720.

Oelsnitz, D. von der (1999): Transformationale Führung im organisationalen Wandel: Ist alles machbar? Ist alles erlaubt? *Zeitschrift Führung und Organisation* 68 (3): 151–155.

Oelsnitz, D. von der (2009): Management – Geschichte, Aufgaben, Beruf. München (Beck).

Oelsnitz, D. von der (2010): Die konstruktivistische Managementschule.*Das Wirtschaftsstudium* 39 (3): 363–367.

Oelsnitz, D. von der (2011): Organisation der Zukunft – Legitimität und Unsicherheit. In: V. Tiberius (Hrsg.): Zukunftsorientierung in der Betriebswirtschaftslehre. Wiesbaden (Gabler), S. 249–261.

Oelsnitz, D. von der u. M. Busch (2010): Narzisstische Manager – Falsche Götter am Unternehmenshimmel? *Zeitschrift für Führung und Organisation* 78 (3): 188–190.

Peters, B. et al. (2008): Führungsspiel. Menschen begeistern, Teams formen, Siegen lernen. München (Heyne), 3. Aufl.

Peters, T. (1978): Symbols, patterns, and settings: An optimistic case for getting things done. *Organizational Development* 2: 2–23.

Pfeffer, J. (1981): Management as symbolic action: The creation and maintenance of organizational paradigms. In: L. L. Cummings a. B. M. Staw (eds.): Research in Organizational Behavior. Vol. 3. Greenwich (APA), pp. 1–52.

Pink, D. (2010): Drive. Was Sie wirklich motiviert. Salzburg (Ecowin).

Price, T. (2003): The ethics of authentic transformational leadership. *The Leadership Quarterly* 14 (1): 67–81.

Probst, G. J. u. P. Gomez (Hrsg.) (1991): Vernetztes Denken. Ganzheitliches Führen in der Praxis. Wiesbaden (Gabler), 2. Aufl.

Redelheimer, D. a. S. Singh (2001): Social status and life expectancy in an advantaged population. A study of academy award-winning actors. *Annals of Internal Medicine* 134: 3–21.

Riechert, I. (2011): Psychische Störungen bei Mitarbeitern. Heidelberg/New York (Springer).

Rosenstiel, L. von, W. Molt u. B. Rüttinger (2005): Grundlagen der Organisationspsychologie. Stuttgart (Kohlhammer), 9. Aufl.

Rotter, J. B. (1966): Generalized expectancies for internal versus external control of reinforcement. *Psychological Monographs* 33 (1): 300–303.

Salancik, G. a. J. Meindl (1984): Corporate attributions as strategic illusions of management control. *Administrative Science Quarterly* 29: 238–254.

Saß, H. et al. (2003): Diagnostisches und Statistisches Manual Psychischer Störungen – DSM-IV-TR. Göttingen (Hogrefe).

Schanz, G. (1978): Verhalten in Wirtschaftsorganisationen. München (Vahlen).

Schyns, B. a. T. Hansbrough (eds.) (2010): When leadership goes wrong. Destructive leadership, mistakes, and ethical failures. Charlotte, NC (Information Age).

Seligman, M. (2003): Der Glücks-Faktor. Warum Optimisten länger leben. München (Ehrenwirth), 2. Aufl.

Seligman, M. a. M. Csikszentmihalyi (2000): Positive psychology: An introduction. *American Psychologist* 55: 5–14.

Sennett, R. (2005): Die Kultur des neuen Kapitalismus. Berlin (Berlin-Verlag).

Simon, F. B. (2011): Einführung in Systemtheorie und Konstruktivismus. Heidelberg (Carl-Auer), 5. Aufl.

Simon, H. A. (1957): Administrative behavior: A study of decision-making process in administrative organizations. New York (Simon&Schuster), 2. ed. [Dt. (1981): Entscheidungsverhalten in Organisationen. Landsberg a. L. (Moderne Industrie), 3. Aufl.]

Smircich, L. a. G. Morgan (1982): Leadership: The management of meaning. *Journal of Applied Behavioral Science* 18: 257–273.

Sonnentag, S. a. M. Frese (2003): Stress in organizations. In: W, Borman et al. (eds.): Handbook of psychology. Vol. 12. New York (John Wiley), pp. 453–497.

Sprenger, R. (2008): Mythos Motivation. Wege aus einer Sackgasse. Frankfurt a. M./New York (Campus), 19. Aufl.

Sprenger, R. (2010): Die Entscheidung liegt bei dir! Frankfurt a. M./ New York (Campus), 14. Aufl.

Sutton, R. I. u. T. Pfeiffer (2007): Der Arschloch-Faktor: Vom geschickten Umgang mit Aufschneidern, Intriganten und Despoten im Unternehmen. München/Wien (Hanser).

Ungericht, B. u. Wiesner (2011): Resilienz. Zur Widerstandskraft von Individuen und Organisationen. *Zeitschrift Führung und Organisation* 80 (3): 188–194.

Watzlawick, P. (Hrsg.) (2006): Die erfundene Wirklichkeit. Beiträge zum Konstruktivismus. München (Piper), 11. Aufl.

Watzlawick, P., J. Beavin u. D. Jackson (2007): Menschliche Kommunikation. Formen, Störungen, Paradoxien. Bern (Huber), 11. Aufl.

Weber, M. (1963): Gesammelte Aufsätze zur Religionssoziologie. Bd. 1. Tübingen (UTB), 5. Aufl.

Wegge, J. (2004): Emotionen in Organisationen. In: H. Schuler (Hrsg.): Organisationspsychologie 1. Enzyklopädie der Psychologie. Bd. D. Göttingen (Hogrefe), S. 673–750.

Weibler, J. (1995): Symbolische Führung. In: A. Kieser et al. (Hrsg.): Handwörterbuch der Führung. Stuttgart (Schäffer-Poeschel), 2. Aufl., Sp. 2015–2026.

Weibler, J. (2001): Personalführung. München (Vahlen).

Weick, K. (1995): Sensemaking in organizations. Beverly Hills (Sage).

Weick, K. (1998): Der Prozess des Organisierens. Frankfurt a. M. (Suhrkamp), 2. Aufl.

Weinert, A. (1995): Menschenbilder und Führung. In: A. Kieser et al. (Hrsg.): Handwörterbuch der Führung. Stuttgart (Schäffer-Poeschel), 2. Aufl., Sp. 1495–1510.

Weinert, A. (1998): Lehrbuch der Organisationspsychologie. Weinheim/Basel (Beltz), 4. Aufl.
Wimmer, R. (1998): Wider den Veränderungsoptimismus – Möglichkeiten und Grenzen einer radikalen Veränderung von Organisationen. In: E. Krainz u. R. Simsa (Hrsg.): Die Zukunft kommt – wohin geht die Wirtschaft? Wiesbaden (Gabler), S. 97–120.
Wunderer, R. (2007): Führung und Zusammenarbeit. Köln (Luchterhand), 7. Aufl.
Wittgenstein, L. von (1963): Tractatus logico-philosophicus. Frankfurt a. M. (Suhrkamp).
Zalesny, M. u. G. Graen (1995): Führungstheorien – Austauschtheorie. In: A. Kieser et al. (Hrsg.): Handwörterbuch der Führung. Stuttgart (Schäffer-Poeschel), 2. Aufl. Sp. 714–727.

Über den Autor

Dietrich von der Oelsnitz, Dr., ord. Universitätsprofessor und Leiter des Instituts für Organisation und Führung an der Technischen Universität Braunschweig. Geschäftsführender Herausgeber der *Zeitschrift für Management*. Seine Arbeitsschwerpunkte sind die strategische Unternehmensführung sowie die Experten- und Leadership-Forschung.

Kontakt: d.oelsnitz@tu-braunschweig.de